◆ **기본정보**
- 자격분류 : 국가전문자격증
- 시행기관 : 교통안전공단
- 응시자격 : 제한 없음
- 홈페이지 : www.ts2020.kr

◆ **자격정보**

항공교통안전관리자란 교통안전공단에서 시행하는 항공 교통안전관리자 자격시험에 합격하여 그 자격을 취득한 자를 말하며 항공 교통안전관리자 자격시험은 항공안전에 대한 전문지식과 기술을 가진 자에게 자격을 부여하여 항공운항업체 등에서 안전하게 업무를 담당하게 함으로서 사고를 미연에 방지하고 국민의 생명과 재산 보호에 기여하기 위하여 자격을 제정하였다.

◆ **주요 업무**
1. 항공안전관리규정의 시행 및 그 기록의 작성·보존
2. 항공의 운행과 관련된 안전점검의 지도 및 감독
3. 운항조건 및 기상조건에 따른 안전 운행에 필요한 조치
4. 항공사고의 원인조사·분석 및 기록 유지
5. 항공기의 운행상황 또는 사고상황이 기록된 운행기록지 또는 기억장치 등의 점검 및 관리

◆ **시험과목**

구 분	시험과목		문제수(객관식 필기시험)		
1교시	필수과목 (3 과목)	교통법규	교통안전법	20 문제	총 50 문제
			항공법 항공보안법	30 문제	
2교시		교통안전관리론 항공기체	각 25 문제		총 50 문제
3교시	선택과목 (1 과목)	항공교통관제, 항행안전시설, 항공기상 중 택일	25 문제		

머리글

래(J. Rae)는 "교통은 역사적으로 볼 때 재화나 용역뿐만 아니라 사상까지 교류될 수 있는 토대를 마련하기 때문에 사회발전에 커다란 공헌을 해왔다."고 하였으며, 퍼킨(H. PerKin)은 영국의 철도를 지적하면서 "철도의 발명은 영국의 문명화에 절대적인 기여를 하여 후에 나타난 사회발전의 원동력이 되었다."고 말하고 있다. 역사에서도 알 수 있듯이 교통의 발전으로 인하여 단순한 이동의 편리성을 넘어 문명의 발전까지 이루어 냈다. 과거에는 불가능했던 새로운 문명과의 교류가 가능해지고 지구촌을 넘어 우주로도 나아가는 발전을 일궈냈다.

교통기술의 발전으로 대중화 됨에 따라 우리들은 다양한 교통수단을 가지게 되고 소유하게 되었다. 누구나 쉽게 교통수단을 이용할 수 있고 교통수단의 절대숫자도 늘어나 과거엔 부의 상징이였던 교통수단이 지금은 일상으로 자리잡았습니다. 하지만 교통수단의 대중화가 진행됨에 따라 위험도한 증가되는 문제또한 갖게 되었습니다. 우리는 교통질서유지를 위하여 교통안전법을 제정하여 교통이용자와 국민의 생명과 재산을 보호하도록 하기 위하여 전문적인 지식과 기술을 갖춘 인력을 양성하고 있다. 이에 따라 생긴 것이 "교통안전관리자" 자격입니다.

교통안전관리자의 직무로는 교통안전관리 규정의 시행 및 기록, 운송수단의 운행·운항 또는 항행과 관련된 안전점검의 지도 및 감독, 도로조건, 선로조건, 항로조건 및 기상조건에 따른 안전 운행에 필요한 조치, 교통수단 차량을 운전하는 자 등의 운행 중 근무상태 파악 및 교통안전 교육·훈련의 실시 등의 직무를 수행하고 앞으로의 중요도는 더욱 부각될 것이다.

본서는 교통안전에 대한 바른 지식과 전문인 양성을 목적으로 하고 있으며 교통안전공단의 자격시험인 "항공교통안전관리자" 시험을 준비하는 모든 수험생들의 합격을 기원하는 마음으로 편찬하였습니다. 부디 본서를 활용하여 원활히 시험을 준비하기 바라며 수험생 모두의 합격을 기원합니다.

항공안전법 4
총칙 4
항공기 등록 10
항공기 기술기준 및 형식증명 14
항공 종사자 18
항공기 운항 21
공역 및 항공교통 업무 27
벌칙 54

항공보안법 62
총칙 62
공항, 항공기의 보안 63
항공보안 위협 71

항공기체 73
항공기 구조 73
항공기 재료 및 요소 105
항공기 하드웨어 126

항공기상 148
지구 대기 148
온도와 열전달 151
수증기 152
대기압 155
일기도 163

교통안전관리론 166

〈 항공안전법 〉

제1장 총칙

제1조(목적) 이 법은 「국제민간항공협약」 및 같은 협약의 부속서에서 채택된 표준과 권고되는 방식에 따라 항공기, 경량항공기 또는 초경량비행장치의 안전하고 효율적인 항행을 위한 방법과 국가, 항공사업자 및 항공종사자 등의 의무 등에 관한 사항을 규정함을 목적으로 한다.

• 군용항공기 등의 적용 특례 ★

군용항공기와 이에 관련된 항공업무에 종사하는 사람에 대해서는 이 법을 적용하지 아니한다. 세관업무 또는 경찰업무에 사용하는 항공기와 이에 관련된 항공업무에 종사하는 사람에 대하여는 이 법을 적용하지 아니한다.

• 국가기관등항공기의 적용 특례 ★

국가기관등항공기와 이에 관련된 항공업무에 종사하는 사람에 대해서는 이 법을 적용한다. 국가기관등항공기를 재해·재난 등으로 인한 수색·구조, 화재의 진화, 응급환자 후송, 그밖에 국토교통부령으로 정하는 공공목적으로 긴급히 운항(훈련을 포함한다)하는 경우에는 적용하지 아니한다.

• 임대차 항공기의 운영에 대한 권한 및 의무 이양의 적용 특례

외국에 등록된 항공기를 임차하여 운영하거나 대한민국에 등록된 항공기를 외국에 임대하여 운영하게 하는 경우 그 임대차(賃貸借) 항공기의 운영에 관련된 권한 및 의무의 이양(移讓)에 관한 사항은 「국제민간항공협약」에 따라 국토교통부장관이 정하여 고시한다.

- **항공안전정책기본계획의 수립**

  국토교통부장관은 국가항공안전정책에 관한 항공안전정책기본계획을 5년마다 수립하여야 한다.
  1. 항공안전정책의 목표 및 전략
  2. 항공기사고ㆍ경량항공기사고ㆍ초경량비행장치사고 예방 및 운항 안전에 관한 사항
  3. 항공기ㆍ경량항공기ㆍ초경량비행장치의 제작ㆍ정비 및 안전성 인증체계에 관한 사항
  4. 비행정보구역ㆍ항공로 관리 및 항공교통체계 개선에 관한 사항
  5. 항공종사자의 양성 및 자격관리에 관한 사항

- **사망ㆍ중상 적용기준**

  사람의 사망은 항공기사고, 경량항공기사고 또는 초경량비행장치사고가 발생한 날부터 30일 이내에 그 사고로 사망한 경우
  1. 항공기에 탑승한 사람이 사망하거나 중상을 입은 경우. (단, 자연적인 원인 또는 자기자신이나 타인에 의하여 발생된 경우와 승객 및 승무원이 정상적으로 접근할 수 없는 장소에 숨어있는 밀항자 등에게 발생한 경우는 제외)
  2. 항공기로부터 이탈된 부품이나 그 항공기와의 직접적인 접촉 등으로 인하여 사망하거나 중상을 입은 경우
  3. 항공기 발동기의 흡입 또는 후류(後流: 뒤쪽 바람)로 인하여 사망하거나 중상을 입은 경우

- **사망ㆍ중상 범위 ★**

  1. 항공기사고, 경량항공기사고 또는 초경량비행장치사고로 부상을 입은 날부터 7일 이내에 48시간을 초과하는 입원치료가 필요한 부상
  2. 골절(코뼈, 손가락, 발가락 등의 간단한 골절은 제외한다)
  3. 열상(찢어진 상처)으로 인한 심한 출혈, 신경ㆍ근육 또는 힘줄의 손상
  4. 2도나 3도의 화상 또는 신체표면의 5퍼센트를 초과하는 화상(화상을 입은 날부터 7일 이내에 48시간을 초과하는 입원치료가 필요한 경우만 해당한다)
  5. 내장의 손상
  6. 전염물질이나 유해방사선에 노출된 사실이 확인된 경우

• **행방불명**

항공기, 경량항공기 또는 초경량비행장치 안에 있던 사람이 항공기사고, 경량항공기사고 또는 초경량비행장치사고로 1년간 생사가 분명하지 아니한 경우에 적용한다.

• **항공기의 중대한 손상·파손 및 구조상의 결함**

1. 항공기에서 발동기가 떨어져 나간 경우
2. 발동기의 덮개 또는 역추진장치 구성품이 떨어져 나가면서 항공기를 손상시킨 경우
3. 압축기, 터빈 블레이드 및 그 밖에 다른 발동기 구성품이 발동기 덮개를 관통한 경우. 다만, 발동기의 배기구를 통해 유출된 경우는 제외한다.
4. 레이더 안테나 덮개가 파손되거나 떨어져 나가면서 항공기의 동체 구조 또는 시스템에 중대한 손상을 준 경우
5. 플랩, 슬랫 등 고양력장치 및 윙렛이 손실된 경우. 다만, 외형변경목록을 적용하여 항공기를 비행에 투입할 수 있는 경우는 제외한다.
6. 바퀴다리가 완전히 펴지지 않았거나 바퀴가 나오지 않은 상태에서 착륙하여 항공기의 표피가 손상된 경우. 다만, 간단한 수리를 하여 항공기가 비행할 수 있는 경우는 제외한다.
7. 항공기 내부의 감압 또는 여압을 조절하지 못하게 되는 구조적 손상이 발생한 경우
8. 항공기준사고 또는 항공안전장애 등의 발생에 따라 항공기를 점검한 결과 심각한 손상이 발견된 경우
9. 비상탈출로 중상자가 발생했거나 항공기가 심각한 손상을 입은 경우
10. 그 밖에 가목부터 자목까지의 경우와 유사한 항공기의 손상·파손 또는 구조상의 결함이 발생한 경우

• **항공기의 중대한 손상·파손 및 구조상의 결함으로 보지 않는 경우 ★**

1. 덮개와 부품을 포함하여 한 개의 발동기의 고장 또는 손상
2. 프로펠러, 날개 끝, 안테나, 프로브, 베인, 타이어, 브레이크, 바퀴, 페어링, 패널, 착륙장치 덮개, 방풍창 및 항공기 표피의 손상
3. 주회전익, 꼬리회전익 및 착륙장치의 경미한 손상
4. 우박 또는 조류와 충돌 등에 따른 경미한 손상(레이더 안테나 덮개의 구멍을 포함)

- **항공기준사고의 범위 ★**

    1. 항공기의 위치, 속도 및 거리가 다른 항공기와 충돌위험이 있었던 것으로 판단되는 근접 비행이 발생한 경우(다른 항공기와의 거리가 500피트 미만으로 근접하였던 경우) 또는 경미한 충돌이 있었으나 안전하게 착륙한 경우

    2. 항공기가 정상적인 비행 중 지표, 수면 또는 그 밖의 장애물과의 충돌을 가까스로 회피한 경우

    3. 항공기, 차량, 사람 등이 허가 없이 또는 잘못된 허가로 항공기 이륙·착륙을 위해 지정된 보호구역에 진입하여 다른 항공기와의 충돌을 가까스로 회피한 경우

    4. 항공기가 다음 각 목의 장소에서 이륙하거나 이륙을 포기한 경우 또는 착륙하거나 착륙을 시도한 경우
        가) 폐쇄된 활주로 또는 다른 항공기가 사용 중인 활주로
        나) 허가 받지 않은 활주로
        다) 유도로(헬리콥터가 허가를 받고 이륙하거나 이륙을 포기한 경우 또는 착륙하거나 착륙을 시도한 경우는 제외한다)
        라) 도로 등 착륙을 의도하지 않은 장소

    5. 항공기가 이륙·착륙 중 활주로 시단에 못 미치거나 또는 종단을 초과한 경우 또는 활주로 옆으로 이탈한 경우(다만, 항공안전장애에 해당하는 사항은 제외한다)

    6. 항공기가 이륙 또는 초기 상승 중 규정된 성능에 도달하지 못한 경우

    7. 비행 중 운항승무원이 신체, 심리, 정신 등의 영향으로 조종업무를 정상적으로 수행할 수 없는 경우

    8. 조종사가 연료량 또는 연료배분 이상으로 비상선언을 한 경우(연료의 불충분, 소진, 누유 등으로 인한 결핍 또는 사용가능한 연료를 사용할 수 없는 경우를 말한다)

    9. 항공기 시스템의 고장, 항공기 동력 또는 추진력의 손실, 기상 이상, 항공기 운용한계의 초과 등으로 조종상의 어려움이 발생했거나 발생할 수 있었던 경우

    10. 다음 중 항공기에 중대한 손상이 발견된 경우(항공기사고로 분류된 경우는 제외한다)
        가) 항공기가 지상에서 운항 중 다른 항공기나 장애물, 차량, 장비 또는 동물과 접촉·충돌
        나) 비행 중 조류(鳥類), 우박, 그 밖의 물체와 충돌 또는 기상 이상 등
        다) 항공기 이륙·착륙 중 날개, 발동기 또는 동체와 지면의 접촉·충돌 또는 끌림. 다만, 꼬리 스키드의 경미한 접촉 등 항공기 이륙·착륙에 지장이 없는 경우는 제외한다.
        라) 착륙바퀴가 완전히 펴지지 않거나 올려진 상태로 착륙한 경우

11. 비행 중 운항승무원이 비상용 산소 또는 산소마스크를 사용해야 하는 상황이 발생한 경우

12. 운항 중 항공기 구조상의 결함(Aircraft Structural Failure)이 발생한 경우 또는 터빈발동기의 내부 부품이 외부로 떨어져 나간 경우를 포함하여 터빈발동기의 내부 부품이 분해된 경우(항공기사고로 분류된 경우는 제외한다)

13. 운항 중 발동기에서 화재가 발생하거나 조종실, 객실이나 화물칸에서 화재·연기가 발생한 경우(소화기를 사용하여 진화한 경우를 포함한다)

14. 비행 중 비행 유도 및 항행에 필요한 다중시스템 중 2개 이상의 고장으로 항행에 지장을 준 경우

15. 비행 중 2개 이상의 항공기 시스템 고장이 동시에 발생하여 비행에 심각한 영향을 미치는 경우

16. 운항 중 비의도적으로 항공기 외부의 인양물이나 탑재물이 항공기로부터 분리된 경우 또는 비상조치를 위해 의도적으로 항공기 외부의 인양물이나 탑재물이 항공기로부터 분리한 경우

• 항공안전데이터의 종류

항공안전의 유지 또는 증진 등을 위하여 사용되는 자료를 말한다.

1. 항공기 등에 발생한 고장, 결함 또는 기능장애에 관한 보고
2. 비행자료 및 분석결과
3. 레이더 자료 및 분석결과
4. 따라 보고된 자료
5. 「항공·철도 사고조사에 관한 법률」 조사결과
6. 항공안전 활동 과정에서 수집된 자료 및 결과보고
7. 「기상법」에 따른 기상업무에 관한 정보
8. 「항공사업법」에 따른 공항운영자가 항공안전관리를 위해 수집·관리하는 자료 등
9. 「항공사업법」에 따라 구축된 시스템에서 관리되는 정보
10. 「항공사업법」에 따른 업무수행 중 수집한 정보·통계 등
11. 항공안전을 위해 국제기구 또는 외국정부 등이 우리나라와 공유한 자료
12. 그 밖에 국토교통부령으로 정하는 자료

- **긴급운항의 범위 ★**

    1. 재해·재난의 예방

    2. 응급환자를 위한 장기(臟器) 이송

    3. 산림 방제(防除)·순찰

    4. 산림보호사업을 위한 화물 수송

- **국가기관등 무인비행장치의 긴급비행**

    1. 재해·재난으로 인한 수색·구조

    2. 시설물 붕괴·전도 등으로 인한 재해·재난이 발생한 경우 또는 발생할 우려가 있는 경우의 안전진단

    3. 산불, 건물·선박화재 등 화재의 진화·예방

    4. 응급환자 후송

    5. 응급환자를 위한 장기(臟器) 이송 및 구조·구급활동

    6. 산림 방제(防除)·순찰

    7. 산림보호사업을 위한 화물 수송

    8. 대형사고 등으로 인한 교통장애 모니터링

    9. 풍수해 및 수질오염 등이 발생하는 경우 긴급점검

제2장 항공기 등록

• 항공기 등록 ★

항공기를 소유하거나 임차하여 사용하는 항공기를 국토교통부장관에게 등록을 하여야 한다. (다만, 대통령령으로 정하는 항공기는 제외)

- 등록 서류

> 1. 소유자·임차인 또는 임대인이 법 등록의 제한 대상에 해당하지 아니함을 증명하는 서류
> 2. 해당 항공기의 소유권 또는 임차권이 있음을 증명하는 서류
> 3. 해당 항공기의 안전한 운항을 위해 필요한 정비 인력을 갖추고 있음을 증명하는 서류
>   (운항증명을 받은 국내항공운송사업자 또는 국제항공운송사업자가 항공기를 등록하려는 경우에만 해당한다)

• 항공기 국적의 취득

항공기에 대한 소유권의 취득·상실·변경은 등록하여야 그 효력이 생긴다. 항공기에 대한 임차권(賃借權)은 등록하여야 제3자에 대하여 그 효력이 생긴다.

• 항공기 등록의 제한 ★

1. 대한민국 국민이 아닌 사람
2. 외국정부 또는 외국의 공공단체
3. 외국의 법인 또는 단체
4. 주식이나 지분의 2분의 1 이상을 소유하거나 그 사업을 사실상 지배하는 법인
5. 외국인이 법인 등기사항증명서상의 대표자이거나 외국인이 법인 등기사항증명서상의 임원 수의 2분의 1 이상을 차지하는 법인

- **항공기 등록사항**

    항공기를 등록한 경우에는 항공기 등록원부(登錄原簿)에 다음 사항을 기록하여야 한다.
    1. 항공기의 형식
    2. 항공기의 제작자
    3. 항공기의 제작번호
    4. 항공기의 정치장(定置場)
    5. 소유자 또는 임차인·임대인의 성명 또는 명칭과 주소 및 국적
    6. 등록 연월일
    7. 등록기호

- **항공기 변경등록**

    소유자 등은 등록사항이 변경되었을 때에는 그 변경된 날부터 15일 이내에 국토교통부장관에게 변경등록을 신청하여야 한다.

- **항공기 이전등록**

    등록된 항공기의 소유권 또는 임차권을 양도·양수하려는 자는 그 사유가 있는 날부터 15일 이내에 국토교통부장관에게 이전등록을 신청하여야 한다.

- **항공기 말소등록**

    소유자등은 등록된 항공기가 다음 어느 하나에 해당하는 경우에는 그 사유가 있는 날부터 15일 이내에 국토교통부장관에게 말소등록을 신청하여야 한다.
    1. 항공기가 멸실(滅失)되었거나 항공기를 해체(정비등, 수송 또는 보관하기 위한 해체는 제외한다)한 경우
    2. 항공기의 존재 여부를 1개월(항공기사고인 경우에는 2개월) 이상 확인할 수 없는 경우
    3. 항공기를 양도하거나 임대(외국 국적을 취득하는 경우만 해당한다)한 경우
    4. 임차기간의 만료 등으로 항공기를 사용할 수 있는 권리가 상실된 경우

    소유자등이 말소등록을 신청하지 아니하면 국토교통부장관은 7일 이상의 기간을 정하여 말소등록을 신청할 것을 최고(催告)하여야 한다. 만약 최고한 후에도 소유자등이 말소등록을 신청하지 아니하면 국토교통부장관은 직권으로 등록을 말소하고, 그 사실을 소유자 등 및 그 밖의 이해관계인에게 알려야 한다.

• 항공기 등록기호표의 부착 ★

소유자등은 항공기를 등록한 경우에는 그 항공기 등록기호표를 국토교통부령으로 정하는 형식·위치 및 방법 등에 따라 항공기에 붙여야 한다. 누구든지 항공기에 붙인 등록기호 표를 훼손해서는 아니된다.

항공기를 등록한 경우에는 강철 등 내화금속(耐火金屬)으로 된 등록기호표(가로 7센티미터, 세로 5센티미터의 직사각형)를 보기 쉬운 곳에 붙여야 한다. 등록기호표에는 등록부호와 소유자등의 명칭을 적어야 한다.

1. 항공기에 출입구가 있는 경우: 항공기 주(主)출입구 윗부분의 안쪽
2. 항공기에 출입구가 없는 경우: 항공기 동체의 외부 표면

등록기호는 항공기 종류, 발동기 장착수량의 구분 및 일련번호를 표시하는 로마자 대문자와 숫자를 조합한 4자리로 구성한다.

등록기호의 첫 글자가 문자인 경우 국적기호와 등록기호 사이에 붙임표(-)를 삽입한다.

• 항공기 국적 등의 표시

누구든지 국적, 등록기호 및 소유자등의 성명 또는 명칭을 표시하지 아니한 항공기를 운항해서는 아니된다. (다만, 신규로 제작한 항공기 등 국토교통부령으로 정하는 항공기의 경우 그러하지 아니하다.)

1. 국적 등의 표시는 국적기호, 등록기호 순으로 표시하고, 장식체를 사용해서는 아니되며, 국적기호는 로마자의 대문자 "HL"로 표시하여야 한다.
2. 등록기호의 첫 글자가 문자인 경우 국적기호와 등록기호 사이에 붙임표(-)를 삽입하여야 한다.
3. 항공기에 표시하는 등록부호는 지워지지 아니하고 배경과 선명하게 대조되는 색으로 표시하여야 한다.

• 항공기 등록부호의 표시위치

1. 주 날개에 표시하는 경우: 오른쪽 날개 윗면과 왼쪽 날개 아랫면에 주 날개의 앞 끝과 뒤 끝에서 같은 거리에 위치하도록 하고, 등록부호의 윗 부분이 주 날개의 앞 끝을 향하게 표시할 것. 다만, 각 기호는 보조 날개와 플랩에 걸쳐서는 아니된다.
2. 꼬리 날개에 표시하는 경우: 수직 꼬리 날개의 양쪽 면에, 꼬리 날개의 앞 끝과 뒤 끝에서 5센티미터 이상 떨어지도록 수평 또는 수직으로 표시할 것
3. 동체에 표시하는 경우: 주 날개와 꼬리 날개 사이에 있는 동체의 양쪽 면의 수평안정판 바로 앞에 수평 또는 수직으로 표시할 것

• 등록부호의 높이

1. 비행기와 활공기에 표시하는 경우
   가) 주 날개에 표시하는 경우에는 50센티미터 이상
   나) 수직 꼬리 날개 또는 동체에 표시하는 경우에는 30센티미터 이상
2. 헬리콥터에 표시하는 경우
   가) 동체 아랫면에 표시하는 경우에는 50센티미터 이상
   나) 동체 옆면에 표시하는 경우에는 30센티미터 이상
3. 비행선에 표시하는 경우
   가) 선체에 표시하는 경우에는 50센티미터 이상
   나) 수평안정판과 수직안정판에 표시하는 경우에는 15센티미터 이상

제3장 항공기기술기준 및 형식증명 등

- **형식증명**

  항공기, 엔진, 프로펠러가 관련 규정 및 해당 국가의 항공기 기술기준(우리나라의 경우 항공기 기술기준, Korean Airworthiness Standards)을 충족함을 입증한 경우, 국토교통부 장관이 발행하는 설계승인을 의미한다.

- **부가적형식증명**

  형식증명승인을 받은 항공기등의 설계를 변경하기 위하여 부가적인 증명

- **제한적형식증명**

  항공기의 설계 또는 설계변경에서 수반되는 여러 특성에 따라 당초의 목적을 달성하는데 지장이 없다고 판단되는 경우에는 본 절차의 일부를 생략하고 인증업무를 수행

  1. 해당 항공기등의 설계가 항공기기술기준에 적합한 경우: 형식증명
  2. 신청인이 다음 어느 하나에 해당하는 항공기의 설계가 해당 항공기의 업무와 관련된 항공기 기술기준에 적합하고 신청인이 제시한 운용범위에서 안전하게 운항할 수 있음을 입증한 경우: 제한형식증명

     2_1. 산불진화, 수색구조 등 국토교통부령으로 정하는 특정한 업무에 사용되는 항공기

     2_2. 「군용항공기 비행안전성 인증에 관한 법률」 형식인증을 받아 제작된 항공기로서 산불진화, 수색구조 등 국토교통부령으로 정하는 특정한 업무를 수행하도록 개조된 항공기

• 감항증명 ★

항공기가 운항하기에 적합한 안전성과 신뢰성을 보유하고 있다는 증명을 말하며, 이 증명은 국토교통부장관에 의해 항공기 하나하나에 교부됨으로써 증명이 되며, 각 항공기는 이 감항증명서를 비치하지 아니하고는 운항할 수 없다.

1. 비행교범

    1_1 항공기의 종류·등급·형식 및 제원에 관한 사항

    1_2 항공기 성능 및 운용한계에 관한 사항

    1_3 항공기 조작방법 등 그 밖에 국토교통부장관이 정하여 고시하는 사항

2. 정비교범

    2_1 감항성 한계범위, 주기적 검사 방법 또는 요건, 장비품·부품 등의 사용한계 등에 관한 사항

    2_2 항공기 계통별 설명, 분해, 세척, 검사, 수리 및 조립절차, 성능점검 등에 관한 사항

    2_3 지상에서의 항공기 취급, 연료·오일 등의 보충, 세척 및 윤활 등에 관한 사항

• 예외적으로 감항증명을 받을 수 있는 항공기

1. 국내 사용이 허가된 외국 국적을 가진 항공기
2. 국내에서 수리·개조 또는 제작한 후 수출할 항공기
3. 국내에서 제작되거나 외국으로부터 수입하는 항공기로서 대한민국의 국적을 취득하기 전에 감항증명을 신청한 항공기

• **특별감항증명** ★

기술기준을 충족하지는 않으나 안전하게 비행할 수 있는 경우에 발급되는 감항증명

분 류	내 용
항공기 및 관련 기기의 개발 등	1. 항공기 제작자 및 항공기 관련 연구기관 등이 연구·개발 중인 경우 2. 판매·홍보·전시·시장조사 등에 활용하는 경우 3. 조종사 양성을 위하여 조종연습에 사용하는 경우
항공기의 제작·정비·수리·개조 및 수입·수출 등	1. 제작·정비·수리 또는 개조 후 시험비행을 하는 경우 2. 정비·수리 또는 개조를 위한 장소까지 승객·화물을 싣지 아니하고 비행하는 경우 3. 수입하거나 수출하기 위하여 승객·화물을 싣지 아니하고 비행하는 경우 4. 설계에 관한 형식증명을 변경하기 위하여 운용한계를 초과하는 시험비행을 하는 경우
특정한 업무를 수행하기 위하여 사용	1. 재난·재해 등으로 인한 수색·구조에 사용되는 경우 2. 산불의 진화 및 예방에 사용되는 경우 3. 응급환자의 수송 등 구조·구급활동에 사용되는 경우 4. 씨앗 파종, 농약 살포 또는 어군(魚群)의 탐지 등 농·수 산업에 사용되는 경우 5. 기상관측, 기상조절 실험 등에 사용되는 경우 6. 건설자재 등을 외부에 매달고 운반하는 데 사용되는 경우 (헬리콥터만 해당한다) 7. 해양오염 관측 및 해양 방제에 사용되는 경우 8. 산림, 관로(管路), 전선(電線) 등의 순찰 또는 관측에 사용되는 경우
무인항공기를 운항하는 경우	

• 소음기준적합증명

항공기의 수리·개조 등으로 항공기의 소음치(騷音値)가 변동된 경우에는 소음기준에 충족한다는 증명을 말하며 국토교통부장관의 증명을 받아야 한다.

• 기술표준품 형식승인

항공기등의 감항성을 확보하기 위하여 국토교통부장관이 정하여 고시하는 장비품을 설계·제작하려는 자는 국토교통부장관이 정하여 고시하는 기술표준품의 형식승인기준에 따라 해당 기술표준품의 설계·제작에 대하여 국토교통부장관의 승인을 받아야 한다.

• 부품등제작자증명

항공기등에 사용할 장비품 또는 부품을 제작하려는 자는 국토교통부령으로 정하는 바에 따라 항공기기술기준에 적합하게 장비품 또는 부품을 제작할 수 있는 인력, 설비, 기술 및 검사체계 등을 갖추고 있는지에 대하여 국토교통부장관의 증명을 받아야 한다.

<u>예외 사항</u>

1. 형식증명 또는 부가형식증명 당시 또는 형식증명승인 또는 부가형식증명승인 당시 장착되었던 장비품 또는 부품의 제작자가 제작하는 같은 종류의 장비품 또는 부품
2. 기술표준품형식승인을 받아 제작하는 기술표준품
3. 그 밖에 국토교통부령으로 정하는 장비품 또는 부품
4. 산업표준화법에 따라 인증받은 항공 분야 부품
5. 전시·연구 또는 교육목적으로 제작되는 부품
6. 국제적으로 공인된 규격에 합치하는 부품 중 국토교통부장관이 정하여 고시하는 부품

• 항공기기술기준위원회

항공기기술기준 기술표준품의 형식승인기준에 대한 관리 절차와 항공기기술기준위원회의 구성, 위원의 선임 기준 및 임기 등 항공기기술기준위원회의 운영에 필요한 사항을 규정함을 목적으로 한다.

제4장 항공종사자

• 항공종사자 자격증명

1. 자가용 조종사 자격: 17세(자가용 조종사의 자격증명을 활공기에 한정하는 경우에는 16세)
2. 사업용 조종사, 부조종사, 항공사, 항공기관사, 항공교통관제사 및 항공정비사 자격: 18세
3. 운송용 조종사 및 운항관리사 자격: 21세

* 자격증명 취소처분을 받고 그 취소일부터 2년이 지나지 아니한 사람 (취소된 자격증명을 다시 받는 경우에 한정한다)

• 항공영어구술능력증명 ★

항공영어구술능력증명시험의 등급은 6등급으로 구분하되, 6등급 항공영어구술능력증명시험에 응시하려는 사람은 응시원서 접수 당시 제3항에 따른 유효기간 내에 있는 5등급 항공영어구술능력증명을 보유해야 한다.

항공영어구술능력증명의 등급별 유효기간은 다음의 구분에 따른 기준일부터 계산하여 4등급은 3년, 5등급은 6년, 6등급은 영구로 한다.

1. 최초 응시자(항공영어구술능력증명의 유효기간이 지난 사람을 포함한다): 합격 통지일
2. 4등급 또는 5등급의 항공영어구술능력증명을 받은 사람이 유효기간이 끝나기 전 6개월 이내에 항공영어구술능력증명시험에 합격한 경우: 기존 증명의 유효기간이 끝난 다음

• 계기비행증명 및 조종교육증명

운송용 조종사(헬리콥터를 조종하는 경우만 해당한다), 사업용 조종사, 자가용 조종사 또는 부조종사의 자격증명을 받은 사람은 그가 사용할 수 있는 항공기의 종류로 비행을 하려면 국토교통부령으로 정하는 바에 따라 국토교통부장관의 계기비행증명을 받아야 한다.

· 업무범위 ★

자 격	업 무 범 위
운송용 조종사	항공기에 탑승하여 다음 각 행위를 하는 것 1. 사업용 조종사의 자격을 가진 사람이 할 수 있는 행위 2. 항공운송사업의 목적을 위하여 사용하는 항공기를 조종하는 행위
사업용 조종사	항공기에 탑승하여 다음 각 행위를 하는 것 1. 자가용 조종사의 자격을 가진 사람이 할 수 있는 행위 2. 무상으로 운항하는 항공기를 보수를 받고 조종하는 행위 3. 항공기사용사업에 사용하는 항공기를 조종하는 행위 4. 항공운송사업에 사용하는 항공기(1명의 조종사가 필요한 항공기만 해당한다)를 조종하는 행위 5. 기장 외의 조종사로서 항공운송사업에 사용하는 항공기를 조종하는 행위
자가용 조종사	무상으로 운항하는 항공기를 보수를 받지 아니하고 조종하는 행위
부조종사	비행기에 탑승하여 다음 각 행위를 하는 것 1. 자가용 조종사의 자격을 가진 사람이 할 수 있는 행위 2. 기장 외의 조종사로서 비행기를 조종하는 행위
항공사	항공기에 탑승하여 그 위치 및 항로의 측정과 항공상의 자료를 산출하는 행위
항공기관사	항공기에 탑승하여 발동기 및 기체를 취급하는 행위 (조종장치의 조작은 제외한다)
항공교통관제사	항공교통의 안전·신속 및 질서를 유지하기 위하여 항공기 운항을 관제하는 행위
항공정비사	1. 정비등을 한 항공기등, 장비품 또는 부품에 대하여 감항성을 확인하는 행위 2. 정비를 한 경량항공기 또는 그 장비품·부품에 대하여 안전하게 운용할 수 있음을 확인하는 행위
운항관리사	항공운송사업에 사용되는 항공기 또는 국외운항항공기의 운항에 필요한 사항을 확인하는 행위 1. 비행계획의 작성 및 변경 2. 항공기 연료 소비량의 산출 3. 항공기 운항의 통제 및 감시

• 항공신체검사증명 ★

자격증명의 종류	항공신체검사증명의 종류	유효기간		
		40세 미만	40세 이상 50세 미만	50세 이상
운송용 조종사 사업용 조종사 (활공기 조종사는 제외한다) 부조종사	제1종	12개월. 다만, 항공운송사업에 종사하는 60세 이상인 사람과 1명의 조종사로 승객을 수송하는 항공운송사업에 종사하는 40세 이상인 사람은 6개월		
항공기관사 항공사	제2종	12개월		
자가용 조종사 사업용 활공기 조종사 조종연습생 경량항공기 조종사	제2종 (경량 항공기 조종사의 경우에는 제2종 또는 자동차운전면허증)	60개월	24개월	12개월
항공교통관제사 항공교통관제연습생	제3종	48개월	24개월	12개월

- 비고

위 표에 따른 유효기간의 시작일은 항공신체검사를 받는 날로 하며, 종료일이 매달 말일이 아닌 경우에는 그 종료일이 속하는 달의 말일에 항공신체검사증명의 유효기간이 종료하는 것으로 본다.

제5장 항공기 운항

• 무선설비의 설치·운용 의무

1. 초단파(VHF) 또는 극초단파(UHF)무선전화 송수신기 각 2대.
2. 2차감시 항공교통관제 레이더용 트랜스폰더(Mode 3/A 및 Mode C SSR transponder. (단, 국외를 운항하는 항공운송사업용 항공기의 경우에는 Mode S transponder) 1대
3. 자동방향탐지기(ADF) 1대[무지향표지시설(NDB) 신호로만 계기접근절차가 구성되어 있는 공항에 운항하는 경우
4. 계기착륙시설(ILS) 수신기 1대(최대이륙중량 5천700킬로그램 미만의 항공기와 헬리콥터 및 무인항공기는 제외)
5. 전방향표지시설(VOR) 수신기 1대(무인항공기는 제외)
6. 거리측정시설(DME) 수신기 1대(무인항공기는 제외)

• 사고예방장치

지상접근경고장치는 다음 구분에 따라 경고를 제공할 수 있는 성능이 있어야 한다.
1. 과도한 강하율이 발생하는 경우
2. 지형지물에 대한 과도한 접근율이 발생하는 경우
3. 이륙 또는 복행 후 과도한 고도의 손실이 있는 경우
4. 비행기가 다음의 착륙형태를 갖추지 아니한 상태에서 지형지물과의 안전거리를 유지하지 못하는 경우
   가) 착륙바퀴가 착륙위치로 고정
   나) 플랩의 착륙위치
5. 계기활공로 아래로의 과도한 강하가 이루어진 경우
* 다음에 해당하는 경우에는 비행기록장치를 장착하지 아니할 수 있다.
   가) 운항기술기준에 적합한 비행기록장치가 개발되지 아니하거나 생산되지 아니하는 경우
   나) 항공기에 비행기록장치를 장착하기 위하여 필요한 항공기 개조 등의 기술이 그 항공기의 제작사 등에 의하여 개발되지 아니한 경우

· 구급용구

1. 구명동의 또는 이에 상당하는 개인부양 장비는 생존위치표시등이 부착된 것으로서 각 좌석으로부터 꺼내기 쉬운 곳에 두고, 그 위치 및 사용방법을 승객이 명확히 알기 쉽도록 해야 한다.

2. 육지로부터 자동회전 착륙거리를 벗어나 해상 비행을 하거나 산불 진화 등에 사용되는 물을 담기 위해 수면 위로 비행하는 경우 헬리콥터의 탑승자는 헬리콥터가 수면 위에서 비행하는 동안 구명동의를 계속 착용하고 있어야 한다.

3. 헬리콥터가 해상 운항을 할 경우, 해수 온도가 10℃ 이하일 경우에는 탑승자 모두 구명동의를 착용해야 한다.

4. 음성신호발생기는 1972년 「국제해상충돌예방규칙협약」에서 정한 성능을 갖춰야 한다.

5. 구명보트의 수는 탑승자 전원을 수용할 수 있는 수량이어야 한다. 이 경우 구명보트는 비상시 사용하기 쉽도록 적재되어야 하며, 각 구명보트에는 비상신호등·방수휴대등이 각 1개씩 포함된 구명용품 및 불꽃조난신호장비 1기를 갖춰야 한다. 다만, 구명용품 및 불꽃조난신호장비는 구명보트에 보관할 수 있다.

6. 위 표 제1종·제2종 및 제3종 헬리콥터는 다음과 같다.

   가) 제1종 헬리콥터(Operations in performance Class 1 helicopter): 임계발동기에 고장이 발생한 경우, TDP(Take-off Decision Point: 이륙결심지점) 전 또는 LDP(Landing Decision Point: 착륙결심지점)를 통과한 후에는 이륙을 포기하거나 또는 착륙지점에 착륙해야 하며, 그 외에는 적합한 착륙 장소까지 안전하게 계속 비행이 가능한 헬리콥터

   나) 제2종 헬리콥터(Operations in performance Class 2 helicopter): 임계발동기에 고장이 발생한 경우, 초기 이륙 조종 단계 또는 최종 착륙 조종 단계에서는 강제 착륙이 요구되며, 이 외에는 적합한 착륙 장소까지 안전하게 계속 비행이 가능한 헬리콥터

   다) 제3종 헬리콥터(Operations in performance Class 3 helicopter): 비행 중 어느 시점이든 임계발동기에 고장이 발생할 경우 강제착륙이 요구되는 헬리콥터

• 소화기 ★

1. 항공기에는 적어도 조종실 및 조종실과 분리되어 있는 객실에 각각 한 개 이상의 이동이 간편한 소화기를 갖춰 두어야 한다. 다만, 소화기는 소화액을 방사 시 항공기 내의 공기를 해롭게 오염시키거나 항공기의 안전운항에 지장을 주는 것이어서는 안된다.
2. 항공기의 객실에는 다음 표의 소화기를 갖춰 두어야 한다.

승객 좌석 수	소화기의 수량
6석부터 30석까지	1
31석부터 60석까지	2
61석부터 200석까지	3
201석부터 300석까지	4
301석부터 400석까지	5
401석부터 500석까지	6
501석부터 600석까지	7
601석 이상	8

• 손확성기 ★

항공운송사업용 여객기에는 다음 표의 손확성기를 갖춰 두어야 한다.

승객 좌석수	손확성기의 수
61석부터 99석까지	1
100석부터 199석까지	2
200석 이상	3

항공운송사업용 및 항공기사용사업용 항공기에는 사고 시 사용할 도끼 1개를 갖춰 두어야 한다.

• 의료지원용구 ★

구 분	수 량
구급의료용품 (First-aid Kit)	100석 이하: 1조 101석부터 200석까지: 2조 201석부터 300석까지: 3조 301석부터 400석까지: 4조 401석부터 500석까지: 5조 501석 이상: 6조
감염예방 의료용구 (Universal Precaution Kit)	250석 이하: 1조 251석부터 500석까지: 2조 다) 501석 이상: 3조
비상의료용구 (Emergency Medical Kit)	1조

- 비고: 1. 모든 항공기에는 구급의료용품을 탑재해야 한다.
  2. 항공운송사업용 항공기에는 감염예방 의료용구를 탑재하여야 한다. 다만, 「재난 및 안전관리 기본법」에 따라 발령된 위기경보가 심각 단계인 경우에는 감염예방 의료용구에 1조를 더한 감염예방 의료용구를 탑재해야 한다.
  3. 비행시간이 2시간 이상이면서 승객 좌석 수가 101석 이상인 항공운송사업용 항공기에는 비상의료용구를 탑재해야 한다.
  4. 구급의료용품과 감염예방 의료용구는 비행 중 승무원이 쉽게 접근하여 사용할 수 있도록 객실 전체에 고르게 분포되도록 갖춰 두어야 한다.

• **항공일지**

항공기를 운항하려는 자 또는 소유자등은 탑재용 항공일지, 지상 비치용 발동기 항공 일지 및 지상 비치용 프로펠러 항공일지를 갖추어 두어야 한다. 다만, 활공기의 소유자 등은 활공기용 항공일지를, 외국국적의 항공기의 소유자등은 탑재용 항공일지를 갖춰 두어야 한다.

구 분	내 용
탑재용 항공일지	1. 항공기의 등록부호·등록증번호 및 등록 연월일 2. 비행에 관한 다음의 기록 　가) 비행연월일 　나) 승무원의 성명 및 업무 　다) 비행목적 또는 항공기 편명 　라) 출발지 및 출발시각 　마) 도착지 및 도착시각 　바) 비행시간 　사) 항공기의 비행안전에 영향을 미치는 사항 　아) 기장의 서명
지상 비치용 발동기 및 지상 비치용 프로펠러 항공 일지	1. 발동기 또는 프로펠러의 형식 2. 발동기 또는 프로펠러의 제작자·제작번호 및 제작 연월일 3. 발동기 또는 프로펠러의 장비교환에 관한 다음의 기록 　가) 장비교환의 연월일 및 장소 　나) 장비가 교환된 항공기의 형식·등록부호 및 등록증번호 　다) 장비교환 이유 4. 발동기 또는 프로펠러의 수리·개조 또는 정비의 실시에 관한 다음의 기록 　가) 실시 연월일 및 장소 　나) 실시 이유, 수리·개조 또는 정비의 위치 및 교환 부품명 　다) 확인 연월일 및 확인자의 서명 또는 날인 5. 발동기 또는 프로펠러의 사용에 관한 다음의 기록 　가) 사용 연월일 및 시간 　나) 제작 후의 총 사용시간 및 최근의 오버홀 후의 총 사용시간

▪ 활공기용 항공일지

1. 활공기의 등록부호·등록증번호 및 등록 연월일
2. 활공기의 형식 및 형식증명번호
3. 감항분류 및 감항증명번호
4. 활공기의 제작자·제작번호 및 제작 연월일
5. 비행에 관한 다음의 기록

    가) 비행 연월일

    나) 승무원의 성명

    다) 비행목적

    라) 비행 구간 또는 장소

    마) 비행시간 또는 이·착륙횟수

    바) 활공기의 비행안전에 영향을 미치는 사항

    사) 기장의 서명

6. 수리·개조 또는 정비의 실시에 관한 다음의 기록

    가) 실시 연월일 및 장소

    나) 실시 이유, 수리·개조 또는 정비의 위치 및 교환부품명

    다) 확인 연월일 및 확인자의 서명 또는 날인

▪ 항공기의 비행 중 금지행위

1. 국토교통부령으로 정하는 최저비행고도(最低飛行高度) 아래에서의 비행
2. 물건의 투하(投下) 또는 살포
3. 낙하산 강하(降下)
4. 국토교통부령으로 정하는 구역에서 뒤집어서 비행하거나 옆으로 세워서 비행하는 등의 곡예비행
5. 무인항공기의 비행
6. 그 밖에 생명과 재산에 위해를 끼치거나 위해를 끼칠 우려가 있는 비행 또는 행위

제6장 공역 및 항공교통업무

• 공역 ★

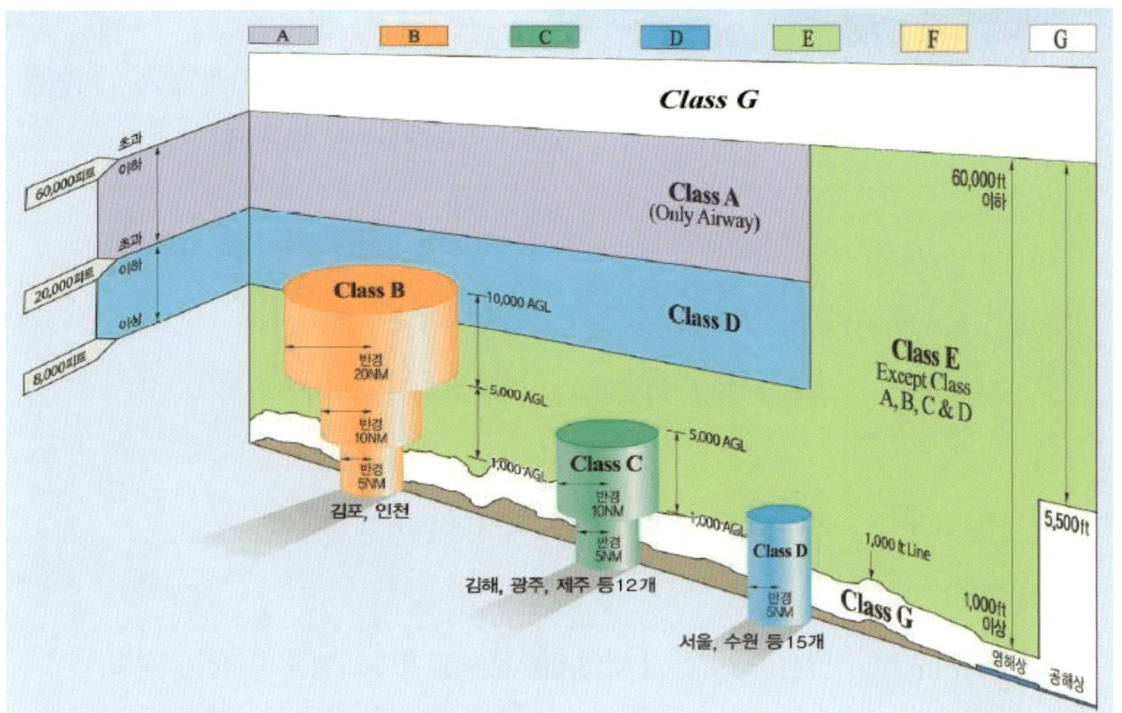

국토교통부장관은 필요하다고 인정할 때에는 아래 항목을 고려하여 공역을 세분하여 지정·공고할 수 있다.

1. 국가안전보장과 항공안전을 고려할 것
2. 항공교통에 관한 서비스의 제공 여부를 고려할 것
3. 이용자의 편의에 적합하게 공역을 구분할 것
4. 공역이 효율적이고 경제적으로 활용될 수 있을 것

• 사용 목적에 따른 구분 ★

구 분		내 용
관제공역	관제권	비행정보구역 내의 B, C 또는 D등급 공역 중에서 시계 및 계기 비행을 하는 항공기에 대하여 항공교통관제업무를 제공하는 공역
	관제구	비행정보구역 내의 A, B, C, D 및 E등급 공역에서 시계 및 계기 비행을 하는 항공기에 대하여 항공교통관제업무를 제공하는 공역
	비행장 교통구역	비행정보구역 내의 D등급에서 시계비행을 하는 항공기 간에 교통 정보를 제공하는 공역
비관제공역	조언구역	항공교통조언업무가 제공되도록 지정된 비관제공역
	정보구역	비행정보업무가 제공되도록 지정된 비관제공역
통제공역	비행금지구역	안전, 국방상, 그 밖의 이유로 항공기의 비행을 금지하는 공역
	비행제한구역	항공사격, 대공사격 등으로 인한 위험으로부터 항공기의 안전을 보호하거나 그 밖의 이유로 비행허가를 받지 않은 항공기의 비행을 제한하는 공역
	초경량비행장치 비행제한구역	초경량비행장치의 비행안전을 확보하기 위하여 초경량비행장치의 비행활동에 대한 제한이 필요한 공역
주의공역	훈련구역	민간 항공기의 훈련공역으로서 계기비행 항공기로부터 분리를 유지할 필요가 있는 공역
	군작전구역	군사작전을 위하여 설정된 공역으로서 계기비행 항공기로부터 분리를 유지할 필요가 있는 공역
	위험구역	항공기의 비행시 항공기 또는 지상 시설물에 대한 위험이 예상되는 공역
	경계구역	대규모 조종사의 훈련이나 비정상 형태의 항공활동이 수행되는 공역

• 제공하는 항공교통업무에 따른 구분 ★

구 분		내 용
관제 공역	A등급 공역	모든 항공기가 계기비행을 해야 하는 공역
	B등급 공역	계기비행 및 시계비행을 하는 항공기가 비행 가능하고, 모든항공기에 분리를 포함한 항공교통관제업무가 제공되는 공역
	C등급 공역	모든 항공기에 항공교통관제업무가 제공되나, 시계비행을 하는 항공기 간에는 교통정보만 제공되는 공역
	D등급 공역	모든 항공기에 항공교통관제업무가 제공되나, 계기비행을 하는 항공기와 시계비행을 하는 항공기 및 시계비행을 하는 항공기 간에는 교통정보만 제공되는 공역
	E등급 공역	계기비행을 하는 항공기에 항공교통관제업무가 제공되고, 시계비행을 하는 항공기에 교통정보가 제공되는 공역
비관제 공역	F등급 공역	계기비행을 하는 항공기에 비행정보업무와 항공교통조언업무가 제공되고, 시계비행항공기에 비행정보업무가 제공되는 공역
	G등급 공역	모든 항공기에 비행정보업무만 제공되는 공역

1. 관제공역: 항공교통의 안전을 위하여 항공기의 비행 순서·시기 및 방법 등에 관하여 국토교통부장관 또는 항공교통업무증명을 받은 자의 지시를 받아야 할 필요가 있는 공역으로서 관제권 및 관제구를 포함하는 공역
2. 비관제공역: 관제공역 외의 공역으로서 항공기의 조종사에게 비행에 관한 조언·비행정보 등을 제공할 필요가 있는 공역
3. 통제공역: 항공교통의 안전을 위하여 항공기의 비행을 금지하거나 제한할 필요가 있는 공역
4. 주의공역: 항공기의 조종사가 비행 시 특별한 주의·경계·식별 등이 필요한 공역

• 운항승무원의 승무시간 등의 기준 ★

1. 운항승무원의 연속 24시간 동안 최대 승무시간·비행근무시간 기준 (단위: 시간)

운항승무원 편성	최대 승무시간	최대 비행근무 시간
기장 1명	8	13
기장 1명, 기장 외의 조종사 1명	8	13
기장 1명, 기장 외의 조종사 1명, 항공기관사 1명	12	15
기장 1명, 기장 외의 조종사 2명	12	16
기장 2명, 기장 외의 조종사 1명	13	16.5
기장 2명, 기장 외의 조종사 2명	16	20
기장 2명, 기장 외의 조종사 2명, 항공기관사 2명	16	20

- 비고

1. "승무시간(Flight Time)"이란 비행기의 경우 이륙을 목적으로 비행기가 최초로 움직이기 시작한 때부터 비행이 종료되어 최종적으로 비행기가 정지한 때 까지의 총 시간을 말하며, 헬리콥터의 경우 주회전익이 회전하기 시작한 때부터 주회전익이 정지된 때까지의 총 시간을 말한다.
2. "비행근무시간(Flight Duty Period)"이란 운항승무원이 1개 구간 또는 연속되는 2개 구간 이상의 비행이 포함된 근무의 시작을 보고한 때부터 마지막 비행이 종료되어 최종적으로 항공기의 발동기가 정지된 때까지의 총 시간을 말한다.
3. 연속되는 24시간 동안 12시간을 초과하여 승무할 경우 항공기에는 휴식시설이 있어야 한다.
4. 시차가 4시간을 초과하는 지역을 운항하는 운항승무원이 해당 지역에서 최소 36시간 이상의 연속되는 휴식을 취하지 못하였거나, 최소 72시간 이상 체류하지 못한 경우에는 위 표 및 비고 제3호에 따른 최대 비행근무시간을 30분 단축한다.
5. 항공기사용사업 중 응급구호 및 환자 이송을 하는 헬리콥터의 운항승무원은 제외한다.
6. 국외운항항공기의 운항승무원은 제외한다.

2. 운항승무원의 연속되는 28일 및 365일 동안의 최대 승무시간 기준 (단위: 시간)

운항승무원 편성	연속 28일	연속 365일
기장 1명	100	1,000
기장 1명, 기장 외의 조종사 1명	100	1,000
기장 1명, 기장 외의 조종사 1명, 항공기관사 1명	120	1,000
기장 1명, 기장 외의 조종사 2명	120	1,000
기장 2명, 기장 외의 조종사 1명	120	1,000
기장 2명, 기장 외의 조종사 2명	120	1,000
기장 2명, 기장 외의 조종사 2명, 항공기관사 2명	120	1,000

- 비고
  1. 운항승무원의 편성이 불규칙하게 이루어지는 경우 해당 기간 중 가장 많은 시간편성 항목의 최대 승무시간 기준을 적용한다.
  2. 항공기사용사업 중 응급구호 및 환자 이송을 하는 헬리콥터의 운항승무원은 제외한다.

3. 운항승무원의 연속되는 7일 및 28일 동안의 최대 근무시간 기준

구 분	연속 7일	연속 28일
근무시간	60시간	190시간

- 비고
  1. "근무시간" 이란 운항승무원이 항공기 운영자의 요구에 따라 근무보고를 하거나 근무를 시작한 때부터 모든 근무가 끝난 때까지의 시간을 말한다.
  2. 항공기사용사업 중 응급구호 및 환자 이송을 하는 헬리콥터의 운항승무원은 제외한다.

4. 응급구호 및 환자 이송을 하는 헬리콥터 운항승무원의 최대 승무시간 기준

구분	연속 24시간	연속 3개월	연속 6개월	1년
최대 승무시간	8시간	500시간	800시간	1,400시간

5. 운항승무원의 비행근무시간에 따른 최소 휴식시간 기준

비행근무시간	휴식시간
8시간 미만	10시간 이상
8시간 이상 ~ 9시간 미만	11시간 이상
9시간 이상 ~ 10시간 미만	12시간 이상
10시간 이상 ~ 11시간 미만	13시간 이상
11시간 이상 ~ 12시간 미만	14시간 이상
12시간 이상 ~ 13시간 미만	15시간 이상
13시간 이상 ~ 14시간 미만	16시간 이상
14시간 이상 ~ 15시간 미만	17시간 이상
15시간 이상 ~ 16시간 미만	18시간 이상
16시간 이상 ~ 17시간 미만	20시간 이상
17시간 이상 ~ 18시간 미만	22시간 이상
18시간 이상 ~ 19시간 미만	24시간 이상
19시간 이상 ~ 20시간 미만	26시간 이상

- 비고
  1. 항공운송사업자 및 항공기사용사업자는 운항승무원이 승무를 마치고 마지막으로 취한 지상에서의 휴식 이후의 비행근무시간에 따라서 위 표에서 정하는 지상에서의 휴식을 취할 수 있도록 해야 한다.
  2. 항공운송사업자 및 항공기사용사업자는 운항승무원이 연속되는 7일마다 연속되는 30시간 이상의 휴식을 취할 수 있도록 해야 한다.

6. 국외운항항공기의 운항승무원의 연속 24시간 동안 최대 승무시간·비행근무시간

운항승무원 편성	최대 승무시간	최대 비행근무시간
기장 1명, 기장 외의 조종사 1명	10	14
기장 1명, 기장 외의 조종사 2명	16	18

- 비고
  1. 기장 2명 편성의 경우 최대승무시간을 2시간까지 연장하여 승무할 수 있다. 단, 1개 구간의 승무시간이 10시간을 초과하는 경우에는 승무를 마치고 지상에서 최소 휴식시간 없이는 새로운 비행근무를 할 수 없으며, 연장된 승무시간은 1주일 동안 총 4시간을 초과할 수 없다.
  2. 기장 1명, 기장 외의 조종사 2명 편성의 경우 등판 각도조절이 가능한 휴식용 좌석이 있어야 한다. 단, 180도로 누울 수 있는 휴식용 침상 등이 있는 경우에는 최대승무시간 및 최대근무시간을 각각 2시간 연장할 수 있다.

• 국외운항항공기의 기준

1. 최대이륙중량이 5천700킬로그램을 초과하는 비행기
2. 1개 이상의 터빈발동기(터보제트발동기 또는 터보팬발동기)를 장착한 비행기
3. 승객 좌석 수가 9석을 초과하는 비행기
4. 3대 이상의 항공기를 운용하는 법인 또는 단체의 항공기

• 항공안전프로그램의 마련에 필요한 사항

분 류	내 용
항공안전에 관한 정책, 달성목표 및 조직체계	1. 항공안전분야의 기본법령에 관한 사항 2. 기본법령에 따른 세부기준에 관한 사항 3. 항공안전 관련 조직의 구성, 기능 및 임무에 관한 사항 4. 항공안전 관련 법령 등의 이행을 위한 전문인력 확보에 관한 사항 5. 기본법령을 이행하기 위한 세부지침 및 주요 안전정보의 제공에 관한 사항
항공안전 위험도 관리	1. 항공안전 확보를 위해 국토교통부장관이 수행하는 증명, 인증, 승인, 지정 등에 관한 사항 2. 항공안전관리시스템 이행의무에 관한 사항 3. 항공기사고 및 항공기준사고 조사에 관한 사항 4. 항공안전위해요인의 식별 및 항공안전 위험도 평가에 관한 사항 5. 항공안전문제의 해소 등 항공안전 위험도의 경감에 관한 사항
항공안전보증	1. 안전감독 등 감시활동에 관한 사항 2. 국가의 항공안전성과에 관한 사항
항공안전증진	1. 정부 내 항공안전에 관한 업무를 수행하는 부처 간의 안전정보 공유 및 안전문화 조성에 관한 사항 2. 정부 내 항공안전에 관한 업무를 수행하는 부처와 항공안전관리시스템을 운영하는 자, 국제민간항공기구 및 외국의 항공당국 등 간의 안전정보 공유 및 안전문화 조성에 관한 사항
국제기준관리시스템의 구축 · 운영	

• 비행규칙의 준수

기장은 「국제민간항공협약」 및 같은 협약 부속서에 따라 국토교통부령으로 정하는 비행에 관한 기준·절차·방식 등(이하 "비행규칙"이라 한다)에 따라 비행하여야 한다.
다만, 안전을 위하여 불가피한 경우에는 그러하지 아니하다.

1. 기장은 비행을 하기 전에 현재의 기상관측보고, 기상예보, 소요 연료량, 대체 비행경로 및 그 밖에 비행에 필요한 정보를 숙지하여야 한다.
2. 기장은 인명이나 재산에 피해가 발생하지 아니하도록 주의하여 비행하여야 한다.
3. 기장은 다른 항공기 또는 그 밖의 물체와 충돌하지 아니하도록 비행하여야 하며, 공중충돌경고장치의 회피지시가 발생한 경우에는 그 지시에 따라 회피기동을 하는 등 충돌을 예방하기 위한 조치를 하여야 한다.

• 이륙·착륙 장소 외에서의 이륙·착륙

국토교통부장관 또는 지방항공청장의 허가를 받으려는 자는 이륙·착륙 장소 외에서의 이륙·착륙 허가 신청서에 다음 사항을 적은 서류를 첨부하여 국토교통부장관 또는 지방항공청장에게 제출하여야 한다. 안전에 지장이 없다고 인정되는 경우에는 6개월 이내의 기간을 정하여 허가하여야 한다.

1. 이륙·착륙하려는 장소(해당 장소의 약도를 포함한다)
2. 이륙·착륙의 절차 및 방향의 선정
3. 이륙·착륙 장소의 지형 적합성 및 우천·강설 등에 따른 지반 약화 가능성
4. 이륙·착륙 장소에 적합한 용량의 소화기 비치계획 및 풍향을 지시할 수 있는 장치의 설치 여부
5. 이륙·착륙 장소의 주변 장애물(급격한 경사, 전선 및 건물 등을 말한다)
6. 이륙·착륙 장소에 사람의 접근통제 및 안전요원 배치 계획
7. 항공기사고를 방지하기 위한 조치
8. 항공기의 급유 시 안전대책
9. 국유지 및 사유지에 이륙·착륙 시 관계기관 또는 관계인과의 토지사용에 대한 사전협의 사항
10. 항공기의 소음 등으로 인한 민원발생 예방대책
11. 항공기의 안전한 이륙·착륙을 위하여 국토교통부장관이 정하여 고시하는 사항

• 항공기의 지상이동

비행장 안의 이동지역에서 이동하는 항공기는 충돌예방을 위하여 다음 기준에 따라야 한다.

1. 정면 또는 이와 유사하게 접근하는 항공기 상호간에는 모두 정지하거나 가능한 경우에는 충분한 간격이 유지되도록 각각 오른쪽으로 진로를 바꿀 것
2. 교차하거나 이와 유사하게 접근하는 항공기 상호간에는 다른 항공기를 우측으로 보는 항공기가 진로를 양보할 것
3. 앞지르기하는 항공기는 다른 항공기의 통행에 지장을 주지 않도록 충분한 분리 간격을 유지할 것
4. 기동지역에서 지상이동하는 항공기는 관제탑의 지시가 없는 경우에는 활주로진입 전 대기 지점에서 정지·대기할 것
5. 기동지역에서 지상이동하는 항공기는 정지선등이 켜져 있는 경우에는 정지·대기하고, 정지선 등이 꺼질 때에 이동할 것

• 비행장 또는 그 주변에서의 비행

비행장 또는 그 주변을 비행하는 항공기의 조종사는 다음 기준에 따라야 한다.

1. 이륙하려는 항공기는 안전고도 미만의 고도 또는 안전속도 미만의 속도에서 선회하지 말 것

2. 해당 비행장의 이륙기상최저치 미만의 기상상태에서는 이륙하지 말 것

3. 해당 비행장의 시계비행 착륙기상최저치 미만의 기상상태에서는 시계비행방식으로 착륙을 시도하지 말 것

4. 터빈발동기를 장착한 이륙항공기는 지표 또는 수면으로부터 450미터(1,500피트)의 고도까지 가능한 한 신속히 상승할 것. 다만, 소음 감소를 위하여 국토교통부장관이 달리 비행방법을 정한 경우에는 그러하지 아니하다.

5. 해당 비행장을 관할하는 항공교통관제기관과 무선통신을 유지할 것

6. 비행로, 교통장주, 그 밖에 해당 비행장에 대하여 정해진 비행 방식 및 절차에 따를 것

7. 다른 항공기 다음에 이륙하려는 항공기는 그 다른 항공기가 이륙하여 활주로의 종단을 통과하기 전에는 이륙을 위한 활주를 시작하지 말 것

8. 다른 항공기 다음에 착륙하려는 항공기는 그 다른 항공기가 착륙하여 활주로 밖으로 나가기 전에는 착륙하기 위하여 그 활주로 시단을 통과하지 말 것

9. 이륙하는 다른 항공기 다음에 착륙하려는 항공기는 그 다른 항공기가 이륙하여 활주로의 종단을 통과하기 전에는 착륙하기 위하여 해당 활주로의 시단을 통과하지 말 것

10. 착륙하는 다른 항공기 다음에 이륙하려는 항공기는 그 다른 항공기가 착륙하여 활주로 밖으로 나가기 전에 이륙하기 위한 활주를 시작하지 말 것

11. 기동지역 및 비행장 주변에서 비행하는 항공기를 관찰할 것

12. 다른 항공기가 사용하고 있는 교통장주를 회피하거나 지시에 따라 비행할 것

13. 비행장에 착륙하기 위하여 접근하거나 이륙 중 선회가 필요할 경우에는 달리 지시를 받은 경우를 제외하고는 좌선회할 것

14. 비행안전, 활주로의 배치 및 항공교통상황 등을 고려하여 필요한 경우를 제외하고는 바람이 불어오는 방향으로 이륙 및 착륙할 것

* 규정에도 불구하고 항공교통관제기관으로부터 다른 지시를 받은 경우에는 그 지시에 따라야 한다.

• 통행의 우선순위 ★

1. 비행기 · 헬리콥터는 비행선, 활공기 및 기구류에 진로를 양보할 것
2. 비행기 · 헬리콥터 · 비행선은 항공기 또는 그 밖의 물건을 예항(끌고 비행하는 것을 말한다)하는 다른 항공기에 진로를 양보할 것
3. 비행선은 활공기 및 기구류에 진로를 양보할 것
4. 활공기는 기구류에 진로를 양보할 것
    - 비상착륙하는 항공기를 인지한 항공기는 그 항공기에 진로를 양보하여야 한다.
    - 비행장 안의 기동지역에서 운항하는 항공기는 이륙 중이거나 이륙하려는 항공기에 진로를 양보하여야 한다.
    - 통행의 우선순위를 가진 항공기는 그 진로와 속도를 유지하여야 한다.

• 특별시계비행

예측할 수 없는 급격한 기상의 악화 등 부득이한 사유로 관할 항공교통관제기관으로부터 특별시계비행허가를 받은 항공기의 조종사는 다음의 기준에 따라 비행하여야 한다.

1. 허가받은 관제권 안을 비행할 것
2. 구름을 피하여 비행할 것
3. 비행시정을 1,500미터 이상 유지하며 비행할 것
4. 지표 또는 수면을 계속하여 볼 수 있는 상태로 비행할 것
5. 조종사가 계기비행을 할 수 있는 자격이 없거나 항공계기를 갖추지 아니한 항공기로 비행하는 경우에는 주간에만 비행할 것. 다만, 헬리콥터는 야간에도 비행할 수 있다.

• 특별시계비행을 하는 경우에는 이/착륙 기준

1. 지상시정이 1,500미터 이상일 것
2. 지상시정이 보고되지 아니한 경우에는 비행시정이 1,500미터 이상일 것

• **비행시정 및 구름으로부터의 거리**

시계비행방식으로 비행하는 항공기는 비행시정 및 구름으로부터의 거리 미만인 기상상태에서 비행하여서는 아니된다. 다만, 특별시계비행방식에 따라 비행하는 항공기는 그러하지 아니하다.

고 도	공역	비행시정	구름으로부터의 거리
해발 3,050미터(10,000피트) 이상	B·C·D·E·F 및 G등급	8천미터	수평으로 1,500미터, 수직으로 300미터 (1,000피트)
해발 3,050미터(10,000피트) 미만에서 해발 900미터(3,000피트) 또는 장애물 상공 300미터(1,000피트) 중 높은 고도 초과	B·C·D·E·F 및 G등급	5천미터	수평으로 1,500미터, 수직으로 300미터 (1,000피트)
해발 900미터(3,000피트) 또는 장애물 상공 300미터(1,000피트) 중 높은 고도 이하	B·C·D 및 E등급	5천미터	수평으로 1,500미터, 수직으로 300미터 (1,000피트)
	F 및 G등급	5천미터	지표면 육안 식별 및 구름을 피할 수 있는 거리

• **무선통신 두절 시의 연락방법 (빛총신호)** ★

신호의 종류	의 미		
	비행 중인 항공기	지상에 있는 항공기	차량·장비 및 사람
연속되는 녹색	착륙을 허가함	이륙을 허가함	-
연속되는 붉은색	다른항공기에 진로를 양보하고 계속 선회할 것	정지할 것	정지할 것
깜박이는 녹색	착륙을 준비할 것 (착륙 및 지상유도를 위한 허가가 뒤이어 발부)	지상 이동을 허가함	통과하거나 진행할 것
깜박이는 붉은색	비행장이 불안전하니 착륙하지 말 것	사용 중인 착륙지역으로부터 벗어날 것	활주로 또는 유도로에서 벗어날 것
깜박이는 흰색	착륙하여 계류장으로 갈 것	비행장 안의 출발지점으로 돌아갈 것	비행장 안의 출발지점으로 돌아갈 것

• **항공교통업무의 목적**
  1. 항공기 간의 충돌 방지
  2. 기동지역 안에서 항공기와 장애물 간의 충돌 방지
  3. 항공교통흐름의 질서유지 및 촉진
  4. 항공기의 안전하고 효율적인 운항을 위하여 필요한 조언 및 정보의 제공
  5. 수색·구조를 필요로 하는 항공기에 대한 관계기관에의 정보 제공 및 협조

• 유도신호

1. 항공기 유도원이 배트, 조명유도봉 또는 횃불을 드는 경우에도 관련 신호의 의미는 같다.
2. 항공기의 엔진번호는 항공기를 마주 보고 있는 유도원의 위치를 기준으로 오른쪽에서부터 왼쪽으로 번호를 붙인다.
3. "*"가 표시된 신호는 헬리콥터에 적용한다.
4. 주간에 시정이 양호한 경우에는 조명막대의 대체도구로 밝은 형광색의 유도봉이나 유도장갑을 사용할 수 있다.
5. 유도원에 대한 조종사의 신호
    가) 조종실에 있는 조종사는 손이 유도원에게 명확히 보이도록 해야 하며, 필요한 경우에는 쉽게 식별할 수 있도록 조명을 비추어야 한다.
    나) 브레이크
        - 주먹을 쥐거나 손가락을 펴는 순간이 각각 브레이크를 걸거나 푸는 순간을 나타낸다.
        - 브레이크를 걸었을 경우: 손가락을 펴고 양팔과 손을 얼굴 앞에 수평으로 올린 후 주먹을 쥔다.
        - 브레이크를 풀었을 경우: 주먹을 쥐고 팔을 얼굴 앞에 수평으로 올린 후 손가락을 편다.
    다) 고임목(Chocks)
        - 고임목을 끼울 것: 팔을 뻗고 손바닥을 바깥쪽으로 향하게 하며, 두 손을 안쪽으로 이동시켜 얼굴 앞에서 교차되게 한다.
        - 고임목을 뺄 것: 두 손을 얼굴 앞에서 교차시키고 손바닥을 바깥쪽으로 향하게 하며, 두 팔을 바깥쪽으로 이동시킨다.
    라) 엔진시동 준비완료
        시동시킬 엔진의 번호만큼 한쪽 손의 손가락을 들어올린다.
6. 기술적·업무적 통신신호
    가) 수동신호는 음성통신이 기술적·업무적 통신신호로 가능하지 않을 경우에만 사용해야 한다.
    나) 유도원은 운항승무원으로부터 기술적·업무적 통신신호에 대하여 인지하였음을 확인해야 한다.

1. 항공기 안내(Wingwalker)	
	오른손의 유도봉을 위쪽을 향하게 한 채 머리 위로 들어 올리고, 왼손의 유도봉을 아래로 향하게 하면서 몸쪽으로 붙인다.
2. 출입문의 확인	
	양손의 유도봉을 위로 향하게 한 채 양팔을 쭉 펴서 머리 위로 올린다.
3. 다음 유도원에게 이동 또는 항공교통관제기관으로부터 지시 받은 지역으로의 이동	
	양쪽 팔을 위로 올렸다가 내려 팔을 몸의 측면 바깥쪽으로 쭉 편 후 다음 유도원의 방향 또는 이동구역방향으로 유도봉을 가리킨다.
4. 직진 ★	
	팔꿈치를 구부려 유도봉을 가슴 높이에서 머리 높이까지 위 아래로 움직인다.

5. 좌회전(조종사 기준)	
	오른팔과 유도봉을 몸쪽 측면으로 직각으로 세운 뒤 왼손으로 직진신호를 한다. 신호동작의 속도는 항공기의 회전속도를 알려준다.
6. 우회전(조종사 기준)	
	왼팔과 유도봉을 몸쪽 측면으로 직각으로 세운 뒤 오른손으로 직진신호를 한다. 신호동작의 속도는 항공기의 회전속도를 알려준다.
7. 정지 ★	
	유도봉을 쥔 양쪽 팔을 몸 쪽 측면에서 직각으로 뻗은 뒤 천천히 두 유도봉이 교차할 때까지 머리 위로 움직인다.
8. 비상정지 ★	
	빠르게 양쪽 유도봉을 든 팔을 머리 위로 뻗었다가 유도봉을 교차시킨다.

9. 브레이크 정렬

손바닥을 편 상태로 어깨 높이로 들어 올린다. 운항승무원을 응시한 채 주먹을 쥔다. 승무원으로부터 인지신호(엄지손가락을 올리는 신호)를 받기 전까지는 움직여서는 안된다.

10. 브레이크 풀기

주먹을 쥐고 어깨 높이로 올린다. 운항승무원을 응시한 채 손을 편다. 승무원으로부터 인지신호(엄지손가락을 올리는 신호)를 받기 전까지는 움직여서는 안된다.

11. 고임목 삽입

팔과 유도봉을 머리 위로 쭉 뻗는다. 유도봉이 서로 닿을 때까지 안쪽으로 유도봉을 움직인다. 운항승무원에게 인지 표시를 반드시 수신하도록 한다.

12. 고임목 제거

팔과 유도봉을 머리 위로 쭉 뻗는다. 유도봉을 바깥쪽으로 움직인다. 운항승무원에게 인가받기 전까지 바퀴 고정 받침 목을 제거해서는 안된다.

13. 엔진시동걸기	
	오른팔을 머리 높이로 들면서 유도봉을 위를 향한다. 유도봉으로 원모양을 그리기 시작하면서 동시에 왼팔을 머리 높이로 들고 엔진시동 걸 위치를 가리킨다.
14. 엔진 정지	
	유도봉을 쥔 팔을 어깨 높이로 들어 올려 왼쪽 어깨 위로 위치시킨 뒤 유도봉을 오른쪽·왼쪽 어깨로 목을 가로질러 움직인다.
15. 서행	
	허리부터 무릎 사이에서 위 아래로 유도봉을 움직이면서 뻗은 팔을 가볍게 툭툭 치는 동작으로 아래로 움직인다.
16. 한쪽 엔진의 출력 감소	
	양손의 유도봉이 지면을 향하게 하여 두 팔을 내린 후, 출력을 감소시키려는 쪽의 유도봉을 위아래로 흔든다.

17. 후진 ★	
	몸 앞 쪽의 허리높이에서 양팔을 앞쪽으로 빙글빙글 회전시킨다. 후진을 정지시키기 위해서는 신호 7 및 8을 사용한다.

18. 후진하면서 선회(후미 우측)	
	왼팔은 아래쪽을 가리키며 오른팔은 머리 위로 수직으로 세웠다가 옆으로 수평위치까지 내리는 동작을 반복한다.

19. 후진하면서 선회(후미 좌측)	
	오른팔은 아래쪽을 가리키며 왼팔은 머리 위로 수직으로 세웠다가 옆으로 수평위치까지 내리는 동작을 반복한다.

20. 긍정(Affirmative)/ 모든 것이 정상임(All Clear)	
	오른팔을 머리높이로 들면서 유도봉을 위로 향한다. 손 모양은 엄지손가락을 치켜세운다. 왼쪽 팔은 무릎 옆쪽으로 붙인다.

* 21. 공중정지(Hover)

	유도봉을 든 팔을 90° 측면으로 편다.

* 22. 상승

	유도봉을 든 팔을 측면 수직으로 쭉 펴고 손바닥을 위로 향하면서 손을 위쪽으로 움직인다. 움직임의 속도는 상승률을 나타낸다.

* 23. 하강

	유도봉을 든 팔을 측면 수직으로 쭉 펴고 손바닥을 아래로 향하면서 손을 아래로 움직인다. 움직임의 속도는 강하율을 나타낸다.

* 24. 왼쪽으로 수평이동(조종사 기준)

	팔을 오른쪽 측면 수직으로 뻗는다. 빗자루를 쓰는 동작으로 같은 방향으로 다른 쪽 팔을 이동시킨다.

*25. 오른쪽으로 수평이동(조종사 기준)

	팔을 왼쪽 측면 수직으로 뻗는다. 빗자루를 쓰는 동작으로 같은 방향으로 다른 쪽 팔을 이동시킨다.

*26. 착륙

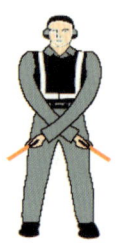	몸의 앞쪽에서 유도봉을 쥔 양팔을 아래쪽으로 교차시킨다.

27. 화재

	화재지역을 왼손으로 가리키면서 동시에 어깨와 무릎사이의 높이에서 부채질 동작으로 오른손을 이동시킨다. 야간 - 유도봉을 사용하여 동일하게 움직인다.

28. 위치대기(stand-by)

	양팔과 유도봉을 측면에서 45°로 아래로 뻗는다. 항공기의 다음 이동이 허가될 때까지 움직이지 않는다.

29. 항공기 출발

오른손 또는 유도봉으로 경례하는 신호를 한다. 항공기의 지상이동(taxi)이 시작될 때까지 운항승무원을 응시한다.

30. 조종장치를 손대지 말 것(기술적 · 업무적 통신신호)

머리 위로 오른팔을 뻗고 주먹을 쥐거나 유도봉을 수평방향으로 쥔다. 왼팔은 무릎 옆에 붙인다.

31. 지상 전원공급 연결(기술적 · 업무적 통신신호)

머리 위로 팔을 뻗어 왼손을 수평으로 손바닥이 보이도록 하고, 오른손의 손가락 끝이 왼손에 닿게 하여 "T"자 형태를 취한다. 밤에는 광채가 나는 유도봉을 이용하여 "T"자 형태를 취할 수 있다.

32. 지상 전원공급 차단(기술적 · 업무적 통신신호)

신호 31과 같이 한 후 오른손이 왼손에서 떨어지도록 한다. 운항승무원이 인가할 때까지 전원공급을 차단해서는 안된다. 밤에는 광채가 나는 유도봉을 이용하여 "T"자 형태를 취할 수 있다.

33. 부정(기술적 · 업무적 통신신호)	
	오른팔을 어깨에서부터 90°로 곧게 뻗어 고정시키고, 유도봉을 지상 쪽으로 향하게 하거나 엄지손가락을 아래로 향하게 표시한다. 왼손은 무릎 옆에 붙인다.
34. 인터폰을 통한 통신의 구축(기술적 · 업무적 통신신호)	
	몸에서부터 90°로 양팔을 뻗은 후, 양손이 두 귀를 컵 모양으로 가리도록 한다.
35. 계단 열기 · 닫기	
	오른팔을 측면에 붙이고 왼팔을 45° 머리 위로 올린다. 오른팔을 왼쪽 어깨 위쪽으로 쓸어 올리는 동작을 한다.

• 비상수신호

1. 탈출 권고
 한 팔을 앞으로 뻗어 눈높이까지 들어 올린 후 손짓으로 부르는 동작을 한다. 야간 - 막대를 사용하여 동일하게 움직인다.
2. 동작중단 권고 - 진행 중인 탈출 중단 및 항공기 이동 또는 그 밖의 활동 중단
 양팔을 머리 앞으로 들어 올려 손목에서 교차시키는 동작을 한다. 야간 - 막대를 사용하여 동일하게 움직인다.
3. 비상 해제
 양팔을 손목이 교차할 때까지 안쪽 방향으로 모은 후 바깥 방향으로 45도 각도로 뻗는 동작을 한다. 야간 - 막대를 사용하여 동일하게 움직인다.

- 곡예비행 등을 할 수 있는 비행시정

    1. 비행고도 3,050미터(1만피트) 미만인 구역: 5천미터 이상
    2. 비행고도 3,050미터(1만피트) 이상인 구역: 8천미터 이상

- 곡예비행 금지구역 ★

    1. 사람 또는 건축물이 밀집한 지역의 상공
    2. 관제구 및 관제권
    3. 지표로부터 450미터(1,500피트) 미만의 고도
    4. 해당 항공기(활공기는 제외한다)를 중심으로 반지름 500미터 범위 안의 지역에 있는 가장 높은 장애물의 상단으로부터 500미터 이하의 고도
    5. 해당 활공기를 중심으로 반지름 300미터 범위 안의 지역에 있는 가장 높은 장애물의 상단으로부터 300미터 이하의 고도

- 최저비행고도

분 류	내 용
시계비행방식으로 비행하는 항공기	1. 사람 또는 건축물이 밀집된 지역의 상공에서는 해당 항공기를 중심으로 수평거리 600미터 범위 안의 지역에 있는 가장 높은 장애물의 상단에서 300미터(1천피트)의 고도 2. 1번 외의 지역에서는 지표면·수면 또는 물건의 상단에서 150미터(500피트)의 고도
계기비행방식으로 비행하는 항공기	1. 산악지역에서는 항공기를 중심으로 반지름 8킬로미터 이내에 위치한 가장 높은 장애물로부터 600미터의 고도 2. 1번 외의 지역에서는 항공기를 중심으로 반지름 8킬로미터 이내에 위치한 가장 높은 장애물로부터 300미터의 고도

• 승무원의 탑승 ★

장착된 좌석 수	객실승무원 수
20석 이상 50석 이하	1명
51석 이상 100석 이하	2명
101석 이상 150석 이하	3명
151석 이상 200석 이하	4명
201석 이상	5명 (좌석 수 50석을 추가할때마다 1명씩 추가)

• 민간항공기의 요격에 대한 조치

1. 항공교통업무기관은 관할 공역 내의 항공기에 대한 요격을 인지한 경우에는 다음에 따라 조치하여야 한다.
   가) 항공비상주파수(121.5㎒) 또는 그 밖의 가능한 주파수를 사용하여 피요격항공기와의 양방향 통신을 시도할 것
   나) 피요격항공기의 조종사에게 요격 사실을 통보할 것
   다) 요격항공기와 통신을 유지하고 있는 요격통제기관에 피요격항공기에 관한 정보를 제공할 것
   라) 필요하면 피요격항공기와 요격항공기 또는 요격통제기관 간의 의사소통을 중개할 것
   마) 요격통제기관과 긴밀히 협조하여 피요격항공기의 안전 확보에 필요한 조치를 할 것
   바) 피요격항공기가 인접 비행정보구역으로부터 표류된 것으로 판단되는 경우에는 인접 비행정보구역을 관할하는 항공교통업무기관에 그 상황을 통보할 것

2. 항공교통업무기관은 관할 공역 밖에서 피요격항공기를 인지한 경우에는 다음에 따라 조치하여야 한다.
   가) 요격이 이루어지고 있는 공역을 관할하는 항공교통업무기관에 그 상황을 통보하고, 항공기의 식별을 위한 모든 정보를 제공할 것
   나) 피요격항공기와 관할 항공교통업무기관, 요격항공기 또는 요격통제기관 간의 의사소통을 중개할 것
   * 국토교통부장관은 민간항공기에 요격행위가 발생되는 것을 예방하기 위하여 비행계획, 양방향 무선통신 및 위치보고가 요구되는 관제구·관제권 및 항공로를 지정·관리하여야 한다.

제7장 벌칙

• 항행 중 항공기 위험 발생의 죄

1. 사람이 현존하는 항공기, 경량항공기 또는 초경량비행장치를 항행 중에 추락 또는 전복(顚覆)시키거나 파괴한 사람은 사형, 무기징역 또는 5년 이상의 징역에 처한다.
2. 사람이 현존하는 항공기, 경량항공기 또는 초경량비행장치를 항행 중에 추락 또는 전복시키거나 파괴한 사람은 사형, 무기징역 또는 5년 이상의 징역에 처한다.

• 항행 중 항공기 위험 발생으로 인한 치사·치상의 죄

1. 사람을 사상(死傷)에 이르게 한 사람은 사형, 무기징역 또는 7년 이상의 징역에 처한다.

• 항공상 위험 발생 등의 죄

비행장, 이착륙장, 공항시설 또는 항행안전시설을 파손하거나 그 밖의 방법으로 항공상의 위험을 발생시킨 사람은 10년 이하의 징역에 처한다.

• 미수범

미수범은 처벌한다.

• 기장 등의 탑승자 권리행사 방해의 죄

1. 직권을 남용하여 항공기에 있는 사람에게 그의 의무가 아닌 일을 시키거나 그의 권리행사를 방해한 기장 또는 조종사는 1년 이상 10년 이하의 징역에 처한다.
2. 폭력을 행사하여 제1항의 죄를 지은 기장 또는 조종사는 3년 이상 15년 이하의 징역에 처한다.

• 기장의 항공기 이탈의 죄

항공기를 떠난 기장(기장의 임무를 수행할 사람을 포함한다)은 5년 이하의 징역에 처한다.

- **감항증명을 받지 아니한 항공기 사용 등의 죄**

    아래 어느 하나에 해당하는 자는 3년 이하의 징역 또는 5천만원 이하의 벌금에 처한다.
    1. 감항증명 또는 소음기준적합증명을 받지 아니하거나 감항증명 또는 소음기준적합증명이 취소 또는 정지된 항공기를 운항한 자
    2. 기술표준품형식승인을 받지 아니한 기술표준품을 제작·판매하거나 항공기등에 사용한 자
    3. 부품등제작자증명을 받지 아니한 장비품 또는 부품을 제작·판매하거나 항공기등 또는 장비품에 사용한 자
    4. 수리·개조승인을 받지 아니한 항공기등, 장비품 또는 부품을 운항 또는 항공기등에 사용한 자
    5. 정비등을 한 항공기등, 장비품 또는 부품에 대하여 감항성을 확인받지 아니하고 운항 또는 항공기등에 사용한 자

- **전문교육기관의 지정 위반에 관한 죄**

    전문교육기관의 지정을 받지 아니하고 제35조제1호부터 제4호까지의 항공종사자를 양성하기 위하여 항공기등을 사용한 자는 3년 이하의 징역 또는 3천만원 이하의 벌금에 처한다.

- **운항증명 등의 위반에 관한 죄**

    다음 해당하는 자는 3년 이하의 징역 또는 3천만원 이하의 벌금에 처한다.
    1. 운항증명을 받지 아니하고 운항을 시작한 항공운송사업자 또는 항공기사용사업자
    2. 정비조직인증을 받지 아니하고 항공기등, 장비품 또는 부품에 대한 정비등을 한 항공기정비업자 또는 외국의 항공기정비업자

- **주류등의 섭취·사용 등의 죄**

    다음 하나에 해당하는 사람은 3년 이하의 징역 또는 3천만원 이하의 벌금에 처한다.
    1. 주류등의 영향으로 항공업무 또는 객실승무원의 업무를 정상적으로 수행할 수 없는 상태에서 그 업무에 종사한 항공종사자 또는 객실승무원
    2. 주류등을 섭취하거나 사용한 항공종사자 또는 객실승무원
    3. 국토교통부장관의 측정에 따르지 아니한 항공종사자 또는 객실승무원

• **항공교통업무증명 위반에 관한 죄**

항공교통업무증명을 받지 아니하고 항공교통업무를 제공한 자는 3년 이하의 징역 또는 3천만원 이하의 벌금에 처한다.

다음 어느 하나에 해당하는 자는 1천만원 이하의 벌금에 처한다.

1. 항공교통업무제공체계를 유지하지 아니하거나 항공교통업무증명기준을 준수하지 아니한 자
2. 신고를 하지 아니하거나 승인을 받지 아니하고 항공교통업무제공체계를 변경한 자

• **무자격자의 항공업무 종사 등의 죄**

다음 어느 하나에 해당하는 사람은 2년 이하의 징역 또는 2천만원 이하의 벌금에 처한다.

1. 자격증명을 받지 아니하고 항공업무에 종사한 사람
2. 자격증명의 종류에 따른 업무범위 외의 업무에 종사한 사람
3. 효력정지명령을 위반한 사람
4. 항공영어구술능력증명을 받지 아니하고 같은 조 제1항 각 호의 어느 하나에 해당하는 업무에 종사한 사람

• **무자격자의 항공업무 종사 등의 죄**

다음 어느 하나에 해당하는 사람은 2년 이하의 징역 또는 2천만원 이하의 벌금에 처한다.

1. 자격증명을 받지 아니하고 항공업무에 종사한 사람
2. 자격증명의 종류에 따른 업무범위 외의 업무에 종사한 사람

• 과실에 따른 항공상 위험 발생 등의 죄

1. 과실로 항공기 · 경량항공기 · 초경량비행장치 · 비행장 · 이착륙장 · 공항시설 또는 항행안전시설을 파손하거나, 그 밖의 방법으로 항공상의 위험을 발생시키거나 항행 중인 항공기를 추락 또는 전복시키거나 파괴한 사람은 1년 이하의 징역 또는 1천만원 이하의 벌금에 처한다.
2. 업무상 과실 또는 중대한 과실로 제1항의 죄를 지은 경우에는 3년 이하의 징역 또는 5천만원 이하의 벌금에 처한다.

• 무표시 등의 죄

표시를 하지 아니하거나 거짓 표시를 한 항공기를 운항한 소유자등은 1년 이하의 징역 또는 1천만원 이하의 벌금에 처한다.

• 승무원을 승무시키지 아니한 죄

항공종사자의 자격증명이 없는 사람을 항공기에 승무(乘務)시키거나 이 법에 따라 항공기에 승무시켜야 할 승무원을 승무시키지 아니한 소유자등은 1년 이하의 징역 또는 1천만원 이하의 벌금에 처한다.

• 무자격 계기비행 등의 죄

위반한 자는 2천만원 이하의 벌금에 처한다.

• 무선설비 등의 미설치 · 운용의 죄

위반한 자는 2천만원 이하의 벌금에 처한다.

• 항공기 내 흡연의 죄

1. 운항 중인 항공기 내에서 위반한 자는 1천만원 이하의 벌금에 처한다.
2. 주기 중인 항공기 내에서 위반한 자는 500만원 이하의 벌금에 처한다.

• 무허가 위험물 운송의 죄

위반한 자는 2천만원이하의 벌금에 처한다.

• **수직분리축소공역 등에서 승인 없이 운항한 죄**

　국토교통부장관의 승인을 받지 아니하고 같은 조 제1항 각 호의 어느 하나에 해당하는 공역에서 항공기를 운항한 소유자등은 1천만원 이하의 벌금에 처한다.

• **항공운송사업자 등의 업무 등에 관한 죄**

　항공운송사업자 또는 항공기사용사업자가 다음 어느 하나에 해당하는 경우에는 1천만원 이하의 벌금에 처한다.
　1. 승인을 받지 아니하고 비행기를 운항한 경우
　2. 운항규정 또는 정비규정을 준수하지 아니하고 항공기를 운항하거나 정비한 경우
　3. 항공운송의 안전을 위한 명령을 이행하지 아니한 경우

• **외국인국제항공운송사업자의 업무 등에 관한 죄**

　외국인국제항공운송사업자가 다음 어느 하나에 해당하는 경우에는 1천만원 이하의 벌금에 처한다.
　1. 서류를 항공기에 싣지 아니하고 운항한 경우
　2. 항공기 운항의 정지명령을 위반한 경우
　3. 항공운송의 안전을 위한 명령을 이행하지 아니한 경우

• **외국인국제항공운송사업자의 업무 등에 관한 죄**

　외국인국제항공운송사업자가 다음 어느 하나에 해당하는 경우에는 1천만원 이하의 벌금에 처한다.
　1. 서류를 항공기에 싣지 아니하고 운항한 경우
　2. 항공기 운항의 정지명령을 위반한 경우
　3. 항공운송의 안전을 위한 명령을 이행하지 아니한 경우

• **기장 등의 보고의무 등의 위반에 관한 죄**

　다음 어느 하나에 해당하는 자는 500만원 이하의 벌금에 처한다.
　1. 항공기사고·항공기준사고 또는 의무보고 대상 항공안전장애에 관한 보고를 하지 아니하거나 거짓으로 한 자
　2. 승인을 받지 아니하고 항공기를 출발시키거나 비행계획을 변경한 자

- **과태료**

  다음 어느 하나에 해당하는 자에게는 500만원 이하의 과태료를 부과한다.

  1. 소속 승무원 또는 운항관리사의 피로를 관리하지 아니한 자
     (항공운송사업자 및 항공기사용사업자는 제외한다)
  2. 국토교통부장관의 승인을 받지 아니하고 피로위험관리시스템을 운용하거나 중요사항을 변경한 자(항공운송사업자 및 항공기사용사업자는 제외한다)
  3. 항공운송사업자 및 항공기사용사업자 외의 자만 해당한다
     가) 제작 또는 운항 등을 시작하기 전까지 항공안전관리시스템을 마련하지 아니한 자
     나) 국토교통부장관의 승인을 받지 아니하고 항공안전관리시스템을 운용한 자
     다) 항공안전관리시스템을 승인받은 내용과 다르게 운용한 자
     라) 국토교통부장관의 승인을 받지 아니하고 국토교통부령으로 정하는 중요사항을 변경한 자
  4. 운항관리사를 두지 아니하고 항공기를 운항한 항공운송사업자 외의 자
  5. 운항관리사가 해당 업무를 수행하는 데 필요한 교육훈련을 하지 아니하고 업무에 종사하게 한 항공운송사업자 외의 자
  6. 위험물취급의 절차와 방법에 따르지 아니하고 위험물취급을 한 자
  7. 검사를 받지 아니한 포장 및 용기를 판매한 자
  8. 위험물취급에 필요한 교육을 받지 아니하고 위험물취급을 한 자
  9. 국토교통부장관이 정하는 바에 따라 교육을 받지 아니하고 경량항공기 조종교육을 한 자
  10. 초경량비행장치의 비행안전을 위한 기술상의 기준에 적합하다는 안전성인증을 받지 아니하고 비행한 사람
  11. 보고 등을 하지 아니하거나 거짓 보고 등을 한 사람
  12. 질문에 대하여 거짓 진술을 한 사람
  13. 운항정지, 운용정지 또는 업무정지를 따르지 아니한 자
  14. 시정조치 등의 명령에 따르지 아니한 자

◦ 다음 어느 하나에 해당하는 자에게는 300만원 이하의 과태료를 부과한다.
  1. 국토교통부령으로 정하는 방법에 따라 안전하게 운용할 수 있다는 확인을 받지 아니하고 경량항공기를 사용하여 비행한 사람
  2. 국토교통부령으로 정하는 준수사항을 따르지 아니하고 경량항공기를 사용하여 비행한 사람
  3. 초경량비행장치 조종자 증명을 받지 아니하고 초경량비행장치를 사용하여 비행을 한 사람(제161조제2항이 적용되는 경우는 제외한다)

◦ 다음 어느 하나에 해당하는 자에게는 200만원 이하의 과태료를 부과한다.
  1. 변경등록 또는 말소등록의 신청을 하지 아니한 자
  2. 항공기 등록기호표를 붙이지 아니하고 항공기를 사용한 자
  3. 변경된 항공기기술기준을 따르도록 한 요구에 따르지 아니한 자
  4. 항공종사자가 아닌 사람으로서 고의 또는 중대한 과실로 항공안전위해요인을 발생시킨 사람
  5. 항공교통의 안전을 위한 국토교통부장관 또는 항공교통업무증명을 받은 자의 지시에 따르지 아니한 자
  6. 운항규정 또는 정비규정을 준수하지 아니하고 항공기의 운항 또는 정비에 관한 업무를 수행한 종사자
  7. 부여된 안전성인증 등급에 따른 운용범위를 준수하지 아니하고 경량항공기를 사용하여 비행한 사람
  8. 국토교통부령으로 정하는 준수사항을 따르지 아니하고 초경량비행장치를 이용하여 비행한 사람
  9. 국토교통부장관의 승인을 받지 아니하고 초경량비행장치를 이용하여 비행한 사람
  10. 국토교통부장관이 승인한 범위 외에서 비행한 사람

◦ 다음 어느 하나에 해당하는 자에게는 100만원 이하의 과태료를 부과한다.
  1. 보고를 하지 아니하거나 거짓으로 보고한 자
  2. 항공기사고, 항공기준사고 또는 의무보고 대상 항공안전장애를 보고하지 아니하거나 거짓으로 보고한 자

3. 경량항공기 등록기호표를 붙이지 아니한 경량항공기소유자등
4. 신고번호를 해당 초경량비행장치에 표시하지 아니하거나 거짓으로 표시한 초경량비행장치소유자등
5. 국토교통부령으로 정하는 장비를 장착하거나 휴대하지 아니하고 초경량비행장치를 사용하여 비행을 한 자

○ 다음 어느 하나에 해당하는 자에게는 50만원 이하의 과태료를 부과한다.
  1. 경량항공기사고에 관한 보고를 하지 아니하거나 거짓으로 보고한 경량항공기 조종사 또는 그 경량항공기소유자등
  2. 경량항공기의 변경등록 또는 말소등록을 신청하지 아니한 경량항공기소유자등

○ 다음 어느 하나에 해당하는 자에게는 30만원 이하의 과태료를 부과한다.
  1. 초경량비행장치의 말소신고를 하지 아니한 초경량비행장치소유자등
  2. 초경량비행장치사고에 관한 보고를 하지 아니하거나 거짓으로 보고한 초경량비행장치 조종자 또는 그 초경량비행장치소유자등

〈 항공보안법 〉

제1장 총칙

• 목적
「국제민간항공협약」 등 국제협약에 따라 공항시설, 항행안전시설 및 항공기 내에서의 불법행위를 방지하고 민간항공의 보안을 확보하기 위한 기준·절차 및 의무사항 등을 규정함을 목적으로 한다.

• 국제협약의 준수
1. 「항공기 내에서 범한 범죄 및 기타 행위에 관한 협약」
2. 「항공기의 불법납치 억제를 위한 협약」
3. 「민간항공의 안전에 대한 불법적 행위의 억제를 위한 협약」
4. 「민간항공의 안전에 대한 불법적 행위의 억제를 위한 협약을 보충하는 국제민간항공에 사용되는 공항에서의 불법적 폭력행위의 억제를 위한 의정서」
5. 「가소성 폭약의 탐지를 위한 식별조치에 관한 협약」

• 국가항공보안계획의 내용
1. 공항운영자등(이하 "공항운영자등"이라 한다)의 항공보안에 대한 임무
2. 항공보안장비(이하 "항공보안장비"라 한다)의 관리
3. 교육훈련
4. 국가항공보안 우발계획
5. 점검업무 등
6. 국제협력

제2장 공항, 항공기 등의 보안

• **항공기 보안에 대한 사항**

  1. 항공기에 대한 경비대책
  2. 비행 전·후 항공기에 대한 보안점검
  3. 계류(繫留)항공기에 대한 탑승계단, 탑승교, 출입문, 경비요원 배치에 관한 보안 및 통제 절차
  4. 항공기 운항중 보안대책
  5. 승객의 협조의무를 위반한 사람에 대한 처리절차
  6. 수감 중인 사람 등의 호송 절차
  7. 범인의 인도·인수 절차
  8. 항공기내보안요원의 운영 및 무기운용 절차
  9. 국외취항 항공기에 대한 보안대책
  10. 항공기에 대한 위협 증가 시 항공보안대책
  11. 조종실 출입절차 및 조종실 출입문 보안강화대책
  12. 기장의 권한 및 그 권한의 위임절차
  13. 기내 보안장비 운용절차

• **보호구역의 지정**

  1. 보안검색이 완료된 구역
  2. 출입국심사장
  3. 세관검사장
  4. 관제탑 등 관제시설
  5. 활주로 및 계류장(항공운송사업자가 관리·운영하는 정비시설에 부대하여 설치된 계류장은 제외한다)
  6. 항행안전시설 설치지역
  7. 화물청사

보호구역등의 지정승인·변경 및 취소

공항운영자는 보호구역 또는 임시보호구역의 지정승인을 받으려는 경우에는 다음 서류를 지방항공청장에게 제출하여야 한다.
1. 보호구역등의 지정목적
2. 보호구역등의 도면
3. 보호구역등의 출입통제 대책

◦ 변경

공항운영자는 지정된 보호구역등의 변경승인을 받으려는 경우에는 다음 서류를 첨부하여 지방항공청장에게 제출하여야 한다.
1. 보호구역등의 변경사유
2. 변경하려는 해당 보호구역등의 도면
3. 변경하려는 해당 보호구역등의 출입통제 대책

◦ 취소

공항운영자는 지정된 보호구역등의 지정취소의 승인을 받으려는 경우에 다음 서류를 지방항공청장에게 제출하여야 한다.
1. 보호구역등의 지정취소 사유
2. 해당 보호구역등의 도면

• 공항운영자 자체 보안계획

1. 항공보안업무 담당 조직의 구성·세부업무 및 보안책임자의 지정
2. 항공보안에 관한 교육훈련
3. 항공보안에 관한 정보의 전달 및 보고 절차
4. 공항시설의 경비대책
5. 보호구역 지정 및 출입통제
6. 승객·휴대물품 및 위탁수하물에 대한 보안검색
7. 통과 승객·환승 승객 및 그 휴대물품·위탁수하물에 대한 보안검색
8. 승객의 일치여부 확인 절차
9. 항공보안검색요원의 운영계획
10. 보호구역 밖에 있는 공항상주업체의 항공보안관리 대책
11. 항공보안장비의 관리 및 운용
12. 보안검색 실패 등에 대한 대책 및 보고·전달체계
13. 보안검색 기록의 작성·유지
14. 공항별 특성에 따른 세부 보안기준

• 항공기취급업체 자체 보안계획

1. 항공보안업무 담당 조직의 구성·세부업무 및 보안책임자의 지정
2. 항공보안에 관한 교육훈련
3. 항공보안에 관한 정보의 전달 및 보고 절차
4. 보호구역 출입증 관리 대책
5. 해당 시설 경비보안 및 보안검색 대책
6. 항공보안장비 관리 및 운용
7. 그 밖에 항공보안에 관한 사항

• 항공운송사업자 자체 보안계획

1. 항공보안업무 담당 조직의 구성·세부업무 및 보안책임자의 지정
2. 항공보안에 관한 교육훈련
3. 항공보안에 관한 정보의 전달 및 보고 절차
4. 항공기 정비시설 등 항공운송사업자가 관리·운영하는 시설에 대한 보안대책
5. 항공기 보안에 대한 사항 *
6. 기내식 및 저장품에 대한 보안대책
7. 항공보안검색요원 운영계획
8. 보안검색 실패 대책보고
9. 항공화물 보안검색 방법
10. 보안검색기록의 작성·유지
11. 항공보안장비의 관리 및 운용
12. 화물터미널 보안대책(화물터미널을 관리 운영하는 항공운송사업자만 해당한다)
13. 운송정보의 제공 절차
14. 위해물품 탑재 및 운송절차
15. 보안검색이 완료된 위탁수하물에 대한 항공기에 탑재되기 전까지의 보호조치 절차
16. 승객 및 위탁수하물에 대한 일치여부 확인 절차
17. 승객 일치 확인을 위해 공항운영자에게 승객 정보제공
18. 항공기 탑승 거절절차
19. 항공기 이륙 전 항공기에서 내리는 탑승객 발생 시 처리절차
20. 비행서류의 보안관리 대책
21. 보호구역 출입증 관리대책

• 항공기 보안조치 ★

조종실 출입문의 보안조치	비행 전의 보안점검	출입통제에 대한 대책 수립
1. 조종실 출입통제 절차를 마련할 것 2. 객실에서 조종실 출입문을 임의로 열 수 없는 견고한 잠금장치를 설치할 것 3. 조종실 출입문열쇠 보관 방법을 정할 것 4. 운항중에는 조종실 출입문을 잠글 것	1. 항공기의 외부 점검 2. 객실, 좌석, 화장실, 조종실 및 승무원 휴게실 등에 대한 점검 3. 항공기의 정비 및 서비스 업무 감독 4. 항공기에 대한 출입 통제 5. 위탁수하물, 화물 및 물품 등의 선적 감독 6. 승무원 휴대물품에 대한 보안조치 7. 특정 직무수행자 및 항공기내보안요원의 좌석 확인 및 보안조치 8. 보안 통신신호 절차 및 방법 9. 유효 탑승권의 확인 및 항공기 탑승까지의 탑승 과정에 있는 승객에 대한 감독 10. 기장의 객실승무원에 대한 통제, 명령 절차 및 확인	1. 승계단의 관리 2. 탑승교 출입통제 3. 항공기 출입문 보안조치 4. 경비요원의 배치

• 항공기에 탑승하는 승객의 운송정보 제공

1. 승객의 성명
2. 승객의 국적 및 여권번호(국내선의 경우에는 승객식별번호)
3. 승객의 탑승 항공편명 및 운항 일시

• 탑승거절 대상자 ★

1. 항공운송사업자의 승객의 안전 및 항공기의 보안을 위하여 필요한 조치를 거부한 사람
2. 술을 마시거나 약물을 복용하여 승객 및 승무원 등에게 위해를 가할 우려가 있는 사람
3. 승객은 항공기 내에서 다른 사람을 폭행하거나 항공기의 보안이나 운항을 저해하는 폭행·협박·위계행위(危計行爲) 또는 출입문·탈출구·기기의 조작한 사람
4. 기장 등의 정당한 직무상 지시를 따르지 아니한 사람
5. 탑승권 발권 등 탑승수속 시 위협적인 행동, 공격적인 행동, 욕설 또는 모욕을 주는 행위 등을 하는 사람으로서 다른 승객의 안전 및 항공기의 안전운항을 해칠 우려가 있는 사람

* 항공운송사업자가 제1항에 따라 탑승을 거절하는 경우에는 그 사유를 탑승이 거절되는 사람에게 고지하여야 한다.

• 수감 중인 사람 등에 대한 호송방법

수감 중인 사람 등에 대한 호송을 통보를 받은 항공운송사업자는 호송대상자가 탑승하는 항공기의 기장에게는 호송사실을, 호송대상자를 호송하는 사법경찰관리 또는 법 집행 권한이 있는 공무원에게는 호송대상자의 좌석 및 안전조치 요구사항 등을 각각 통보하여야 한다.

1. 호송대상자의 탑승절차를 별도로 마련할 것
2. 호송대상자의 좌석은 승객의 안전에 위협이 되지 아니하도록 배치할 것
3. 호송대상자에게 술을 제공하지 아니할 것
4. 호송대상자에게 철제 식기류를 제공하지 아니할 것

• 위해물품 휴대 금지 및 검색시스템 구축·운영

항공기에 무기[탄저균(炭疽菌), 천연두균 등의 생화학무기를 포함한다], 도검류(刀劍類), 폭발물, 독극물 또는 연소성이 높은 물건 등 위해물품을 가지고 들어가서는 아니 된다.

1. 경호업무, 범죄인 호송업무 등 대통령령으로 정하는 특정한 직무를 수행하기 위하여 대통령령으로 정하는 무기의 경우에는 국토교통부장관의 허가를 받아 항공기에 가지고 들어갈 수 있다.
2. 항공기에 무기를 가지고 들어가려는 사람은 탑승 전에 이를 해당 항공기의 기장에게 보관하게 하고 목적지에 도착한 후 반환받아야 한다. 다만, 항공기 내에 탑승한 항공기내보안요원은 그러하지 아니하다.
3. 항공기 내에 무기를 반입하고 입국하려는 항공보안에 관한 업무를 수행하는 외국인 또는 외국국적 항공운송사업자는 항공기 출발 전에 국토교통부장관으로부터 미리 허가를 받아야 한다.

• 기장 등의 권한 ★

기장이나 기장으로부터 권한을 위임받은 승무원 또는 승객의 항공기 탑승 관련 업무를 지원하는 항공운송사업자 소속 직원 중 기장의 지원요청을 받은 사람은 다음 어느 하나에 해당하는 행위를 하려는 사람에 대하여 그 행위를 저지하기 위한 필요한 조치를 할 수 있다.

1. 항공기의 보안을 해치는 행위
2. 인명이나 재산에 위해를 주는 행위
3. 항공기 내의 질서를 어지럽히거나 규율을 위반하는 행위

   가) 항공기 내에 있는 사람은 기장의 요청이 있으면 협조하여야 한다.
   나) 기장은 위의 행위를 한 사람을 체포한 경우에 항공기가 착륙하였을 때에는 체포된 사람이 그 상태로 계속 탑승하는 것에 동의하거나 체포된 사람을 항공기에서 내리게 할 수 없는 사유가 있는 경우를 제외하고는 체포한 상태로 이륙하여서는 아니 된다.
   다) 기장으로부터 권한을 위임받은 승무원 또는 승객의 항공기 탑승 관련 업무를 지원하는 항공운송사업자 소속 직원 중 기장의 지원요청을 받은 사람이 조치를 할 때에는 기장의 지휘를 받아야 한다.

• 승객의 협조의무 ★

항공기 내에 있는 승객은 항공기와 승객의 안전한 운항과 여행을 위하여 다음 어느 하나에 해당하는 행위를 하여서는 아니 된다.

1. 폭언, 고성방가 등 소란행위
2. 흡연
3. 술을 마시거나 약물을 복용하고 다른 사람에게 위해를 주는 행위
4. 다른 사람에게 성적(性的) 수치심을 일으키는 행위
5. 「항공안전법」을 위반하여 전자기기를 사용하는 행위
6. 기장의 승낙 없이 조종실 출입을 기도하는 행위
7. 기장 등의 업무를 위계 또는 위력으로써 방해하는 행위

    가) 승객은 항공기 내에서 다른 사람을 폭행하거나 항공기의 보안이나 운항을 저해하는 폭행·협박·위계행위(危計行爲) 또는 출입문·탈출구·기기의 조작을 하여서는 아니 된다.

    나) 승객은 항공기가 착륙한 후 항공기에서 내리지 아니하고 항공기를 점거하거나 항공기내에서 농성하여서는 아니 된다.

    다) 항공기 내의 승객은 항공기의 보안이나 운항을 저해하는 행위를 금지하는 기장 등의 정당한 직무상 지시에 따라야 한다.

    라) 항공운송사업자는 금연 등 항공기와 승객의 안전한 운항과 여행을 위한 규제로 인하여 승객이 받는 불편을 줄일 수 있는 방안을 마련하여야 한다.

제3장 항공보안 위협

· **국가항공보안 우발계획 등의 내용**

1. 행정기관의 역할
2. 항공보안등급 발령 및 등급별 조치사항
3. 불법방해행위 대응에 관한 기본대책
4. 불법방해행위 유형별 대응대책
5. 위협평가 및 위험관리에 관한 사항

분 류	내 용
공항운영자	가) 행정기관의 역할 나) 공항시설 위협시의 대응대책 다) 항공기 납치시의 대응대책 라) 폭발물 또는 생화학무기 위협시의 대응대책
항공운송사업자	가) 공항시설 위협시의 대응대책 나) 항공기납치 방지대책 다) 폭발물 또는 생화학무기 위협시의 대응대책

1. 항공기취급업체 · 항공기정비업체 · 공항상주업체(보호구역 안에 있는 업체만 해당한다), 항공여객 · 화물터미널 운영자, 도심공항터미널을 경영하는 자의 자체 우발계획

   가) 공항시설 위협시의 대응대책

   나) 폭발물 또는 생화학무기 위협시의 대응대책

항공법규 기출문제 》

1. 다음 중 말소등록의 사유가 아닌 것은?
   ① 항공기가 멸실되었을 때
   ② 사고가 난 항공기의 존재여부가 1개월 이상 불분명할 때
   ③ 임차기간 만료로 항공기를 사용할 수 있는 권리가 상실되었을 때
   ④ 외국인에게 항공기를 양도하였을 때

2. 다음 중 특별감항증명의 대상이 아닌 것은?
   ① 항공기의 제작, 정비, 수리 또는 개조 후 시험비행을 하는 경우
   ② 항공기의 정비 또는 수리, 개조를 위한 장소까지 승객, 화물을 싣지 아니하고 비행을 하는 경우
   ③ 항공기의 설계에 관한 형식증명을 변경하기 위하여 운용한계를 초과하는 시험비행을 하는 경우
   ④ 항공기를 수입하거나 수출하기 위하여 승객, 화물을 싣고 비행하는 경우

3. 통행의 우선순위와 진로의 양보에 대한 설명으로 맞는 것은?
   ① 활공기는 비행선에 진로를 양보한다.
   ② 비행기는 물건을 예항하는 항공기에 진로를 양보한다.
   ③ 착륙을 위하여 접근중인 항공기보다 낮은 고도에 있는 항공기에 진로의 우선권이 있다.
   ④ 높은 고도에 있는 항공기가 낮은 고도에 있는 항공기보다 진로의 우선권이 있다.

4. 기장이 항공기 출발전 확인 및 점검하여야 할 사항이 아닌 것은?
   ① 항공일지
   ② 기상정보
   ③ 승객 및 승무원 명단
   ④ 지상시운전 점검

5. 운송용 조종사가 할 수 있는 업무범위가 아닌 것은?
   ① 자가용 조종사의 자격을 가진 자가 할 수 있는 행위
   ② 항공기사용사업에 사용히는 항공기를 조종하는 행위
   ③ 항공운송사업의 목적을 위하여 사용히는 항공기를 조종하는 행위
   ④ 조종교육에 사용하는 항공기를 조종하는 행위

정답 : ② ④ ② ③ ④

〈 항공기체 〉

항공기 구조

• 일반구조

항공기 기체는 일반적으로 동체, 날개, 조종면, 착륙장치, 꼬리날개, 동력장치로 구성. 비행 중인 항공기에는 양력, 중력, 추력, 항력, 관성력 등의 힘이 작용.

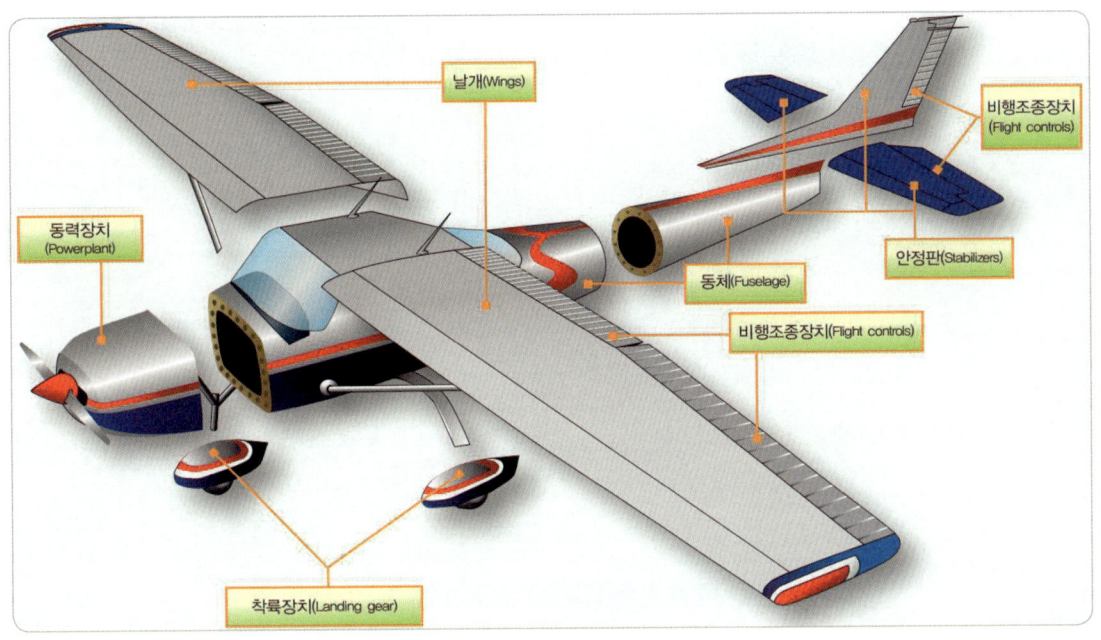

그림1. 항공기구조

항공기 구조는 하중을 이동시키고 응력에 견디도록 설계된다. 항공기를 설계하는데 있어서, 날개와 동체, 날개보, 리브, 그리고 금속 피팅의 면적은 그것이 만들어지는 금속의 물리적 특성에 대해 반드시 고려되어야 한다.

항공기에 적용되는 응력에는 다음 다섯 가지의 주요 응력이 있다.
1. 인장응력(tensionstress) : 물체를 잡아당겨 분리시키려고 하는 힘에 저항하는 응력
2. 압축응력(compressionstress) : 물체를 부수려고 하는 힘에 저항하려고 물체 내부에서 생기는 응력
3. 비틀림응력(torsionstress) : 물체를 비틀 때 생기는 응력
4. 전단응력(shear stress) : 전단력이 작용할 때 생기는 응력
5. 굽힘응력(bendingstress) : 굽힘작용을 받을 때 내부에 생기는 인장과 압축 응력의 총칭

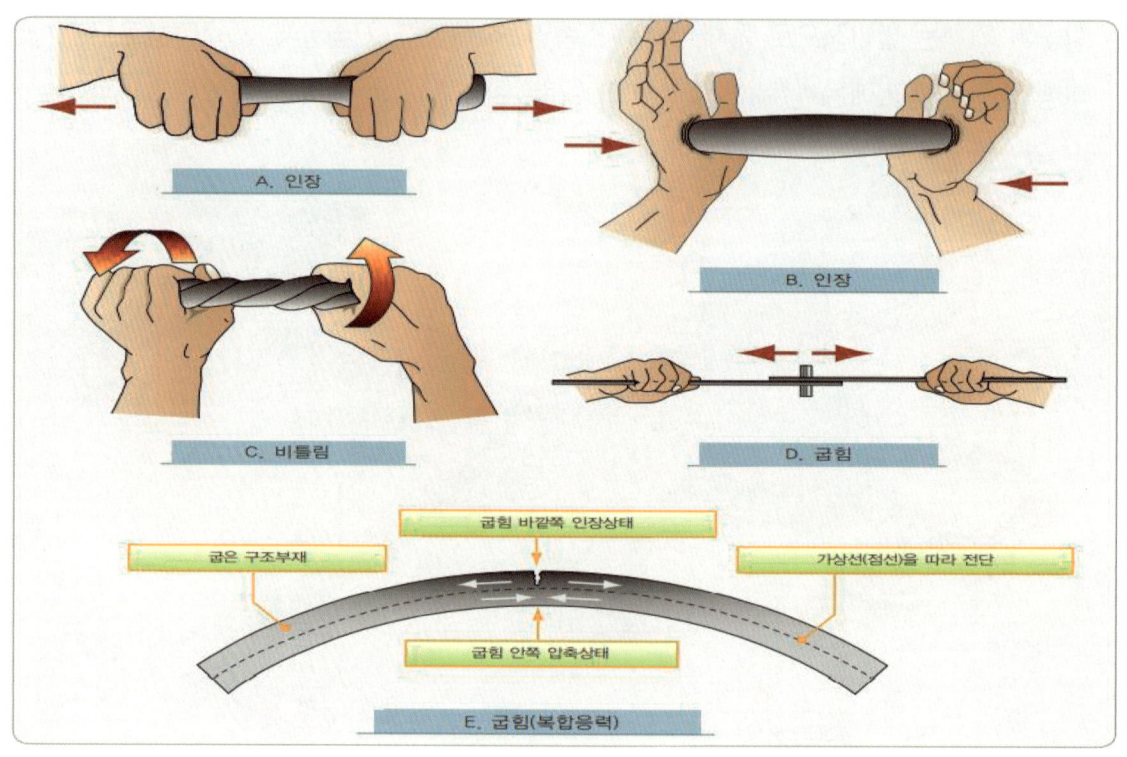

그림2. 응력의 종류

주요 구조응력(Major Structural Stresses) 항공기 구조는 하중을 이동시키고 응력에 견디도록 설계된다. 항공기를 설계하는데 있어서, 날개와 동체, 날개보, 리브, 그리고 금속 피팅의 면적은 만들어지는 금속의 물리적 특성에 대해 반드시 고려되어야 한다.

• 동체구조의 형식

트러스형 (Truss Type) 모노코크형(Monocoque Type) ★★

트러스 형(Truss Type) 가해진 하중에 의해서 변형되는 것을 막기 위한 빔(beam), 스트럿(strut), 그리고 바(bar) 등의 부재로 만들어진 단단한 구조이다.

• 동체

모노코크 형(Monocoque Type) 항공기 동체의 외판만으로 하중에 견디게 된 구조 ★★

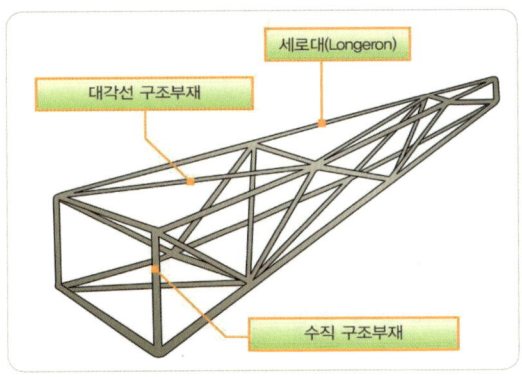
그림3. 트러스 타입

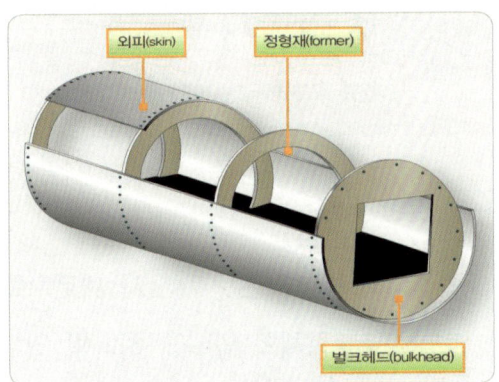
그림4. 모노코크 타입

• 세미모노코크 형(Semi-monocoque Type) ★

모노코크 구조의 강도와 무게의 문제점을 극복하기 위해 세미모노코크 구조로의 개조가 개발되었으며 모노코크와 같은 뼈대 부분의 외피, 벌크헤드, 그리고 정형재로 구성되어 있다.

1. 세로대(longeron) : 보통 여러 개의 뼈대부재를 가로질러 연장된다. 그리고 일차적인 굽힘 하중을 담당하는 외피를 보조해준다.
2. 스트링거(stringer) : 항공기 날개, 동체 등의 구조물에서 형상 유지와 강도의 일부를 담당하는 항공기 구조의 한 부분.

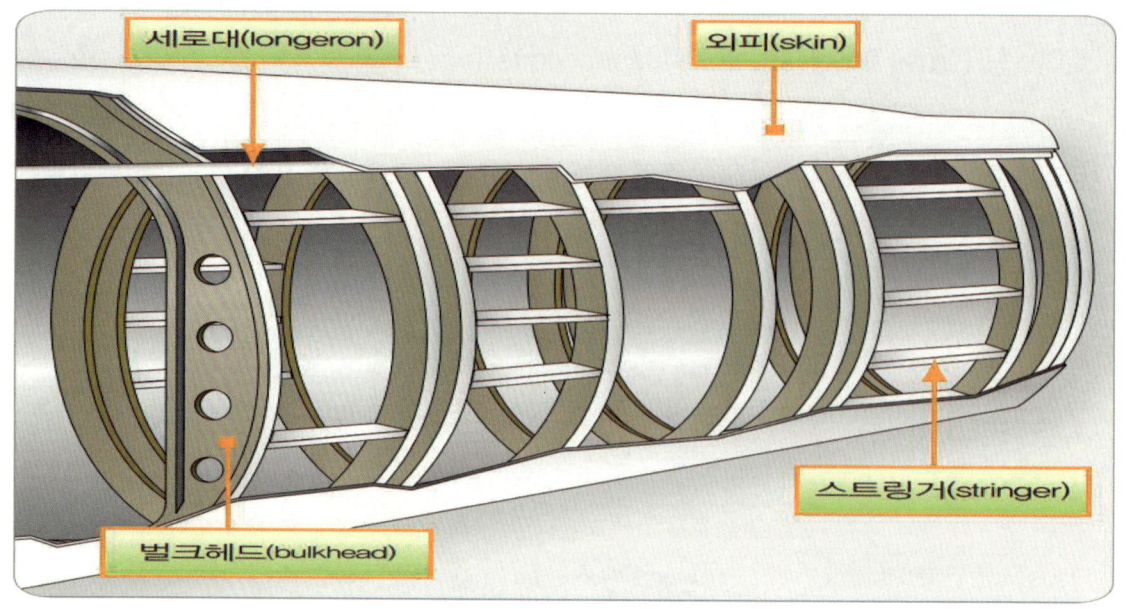

그림5. 세미모노코크 타입

3. 링 : 수직 방향의 보강재로서 세로지와 합쳐 외피를 보호한다.
4. 벌크헤드 : 동체의 앞뒤에 하나씩 있으며 집중 하중을 외피에 골고루 분산하고 동체가 비틀림에 의해 변형되는 것을 방지한다.
5. 외피 : 동체에 작용하는 전단응력을 담당하고 때로는 스트링거와 함께 압축 및 인장 응력을 담당한다.

• 페일세이프 구조 ★

페일 세이프는 복잡한 구조물에서 1개의 부재가 파손되면 인접해 있는 다른 부재가 파손된 부재의 하중을 대신 담당한다는 것을 의미한다.

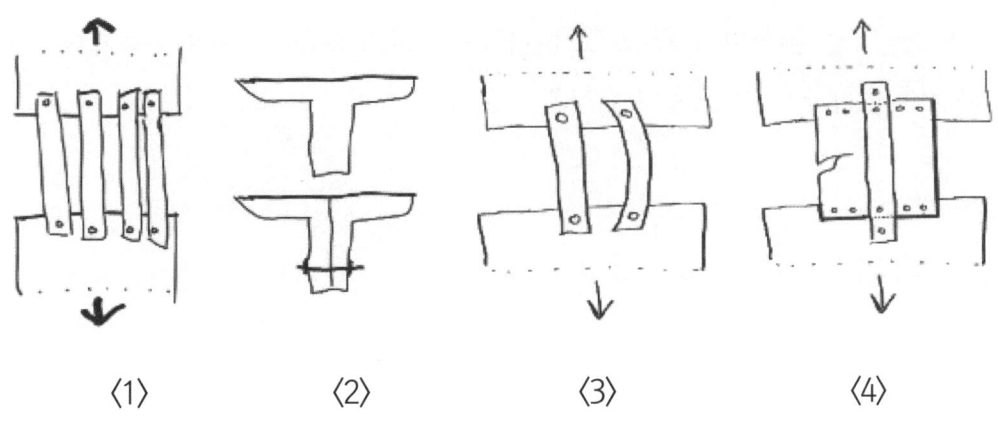

〈1〉　　　〈2〉　　　〈3〉　　　〈4〉

(1) 다경로 하중구조

많은 부재로 구성되어 있는 방식. 하나의 부재가 균열 및 파괴가 일어난다 할지라도, 나머지 부재들이 이 하중을 담당

(2) 이중구조

어느 부분의 손상이 전체의 파손에 이르는 것을 예방할 수 있는 구조

(3) 대치구조

평소 하중을 담당하는 부재와, 이 하중을 담당하지 않는 부재로 구성. 주 부재에 균열이 일어나고 파괴가 일어나게 되면 예비부재가 그 하중을 담당함으로써, 사고를 방지

(4) 하중 경감구조

주변의 다른 부재로 하중을 전달시켜 파괴가 시작된 부재의 완전한 파괴를 방지할 수 있는 구조

• 여압(Pressurization)

대형 제트 여객기와 같이, 수만 피트의 상공을 비행하는 항공기는 탑승한 승무원, 승객 및 그 밖에 생물의 안전을 위해서 비행 중에도 탑승 공간은 지상과 같은 온도 및 압력을 유지해야 한다. 공기를 이용하여 여압을 하는데, 여압되는 공간을 여 압실이라 한다. 항공기의 압력을 조정하는 형태이다. 고고도로 비행하는 항공기의 기내압력을 압축기를 이용하여 증가시켜 탑승자가 정상적으로 호흡하게 해준다.

• 날개

공기를 통과하여 빠르게 이동할 때 양력을 발생시키는 에어포일(airfoils) 형상

• 날개의 주요 구조 부재 ★

1. 날개보 : 날개의 주요 구조부재이다. 동체의 세로대에 해당한다
2. 리브 : 외피와 스트링거로부터의 하중을 날개보에 전달하는 역할.
3. 세로지 : 날개의 굽힘강도를 증가, 날개의 비틀림에 의한 좌굴을 방지하기 위한 세로 지지대
4. 외피 : 날개에 발생하는 하중(전단력)을 내,외부 보강재(internal or external bracing)와 외피가 분담한다.

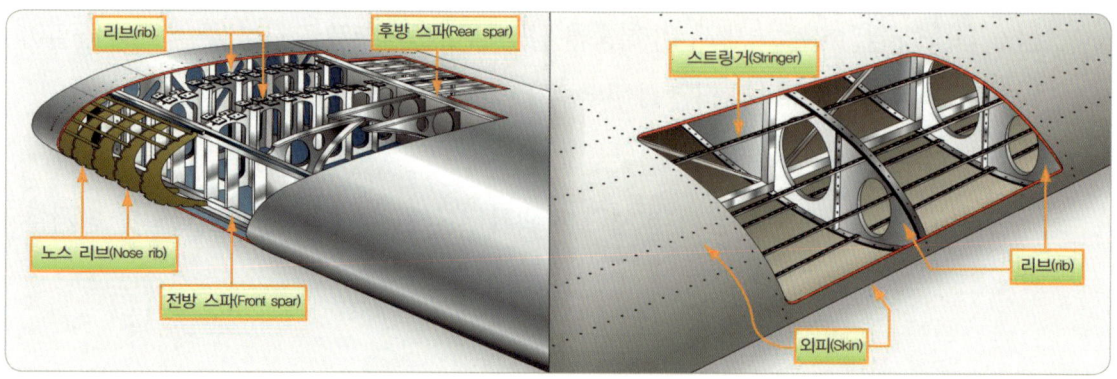

그림6. 날개 구조부재의 명칭

· **날개 구조**

외팔보식 날개 : 외부 지주 없이 조립된 날개의 형상

반 외팔보식 날개 : 외부 지주를 사용하는 날개의 형상

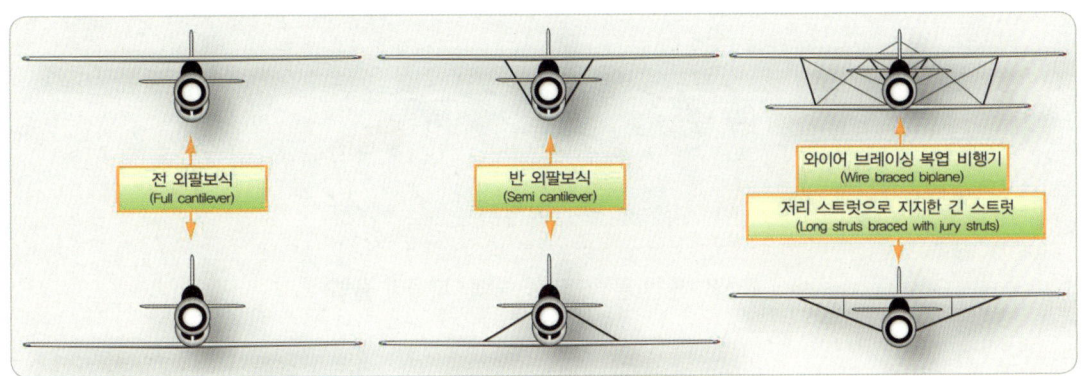

그림7. 외부지주식 날개

· **날개의 장치**

1. 평면 플랩(plain flap) : 플랩이 수축 위치에 있을 때 날개의 뒷전 형태이다. 날개 위쪽으로의 공기흐름은 본질적으로 날개의 뒷전을 만드는 플랩 뒷전에서 윗면과 아랫면의 위쪽으로 계속해서 흐른다.

2. 분할 플랩(split flap) : 날개의 뒷전 아래쪽에 들어가 있으며, 평평한 금속판이 플랩의 앞전 길이 방향으로 여러 곳에 힌지로 지지되어 있다.

3. 파울러 플랩(fowler flap) : 펼쳐졌을 때 날개의 뒷전을 더 낮게 할 뿐만 아니라 후방으로 미끄러져서 날개의 면적을 효과적으로 증가시킨다. 증가된 표면적뿐만 아니라 날개 캠버의 변화로 더 많은 양력을 발생시킨다.

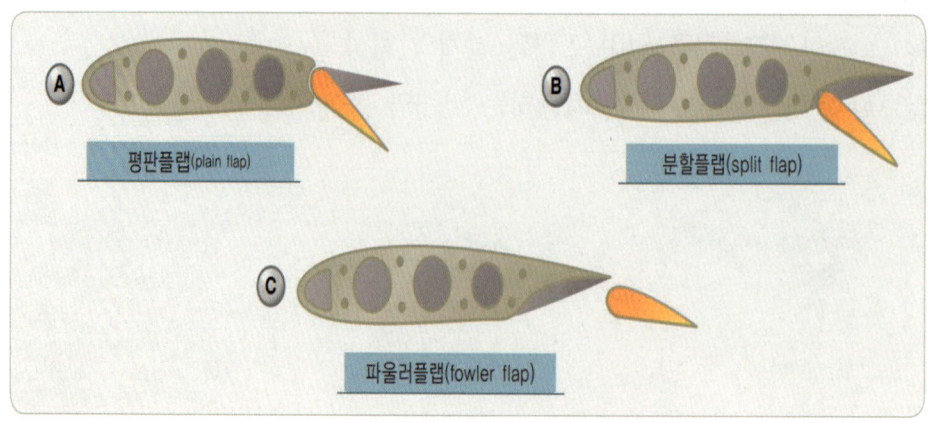

그림8. 평판 플랩, 분할 플랩, 파울러 플랩

4. 슬롯 플랩(triple-slotted flap) : 파울러플랩을 변형시켜 공기역학적인 표면 기능을 향상시킨 하나의 플랩의 세트이다. 전방 플랩(fore flap), 중앙 플랩(midflap), 그리고 후방 플 랩(aftflap)으로 구성되어 있다.

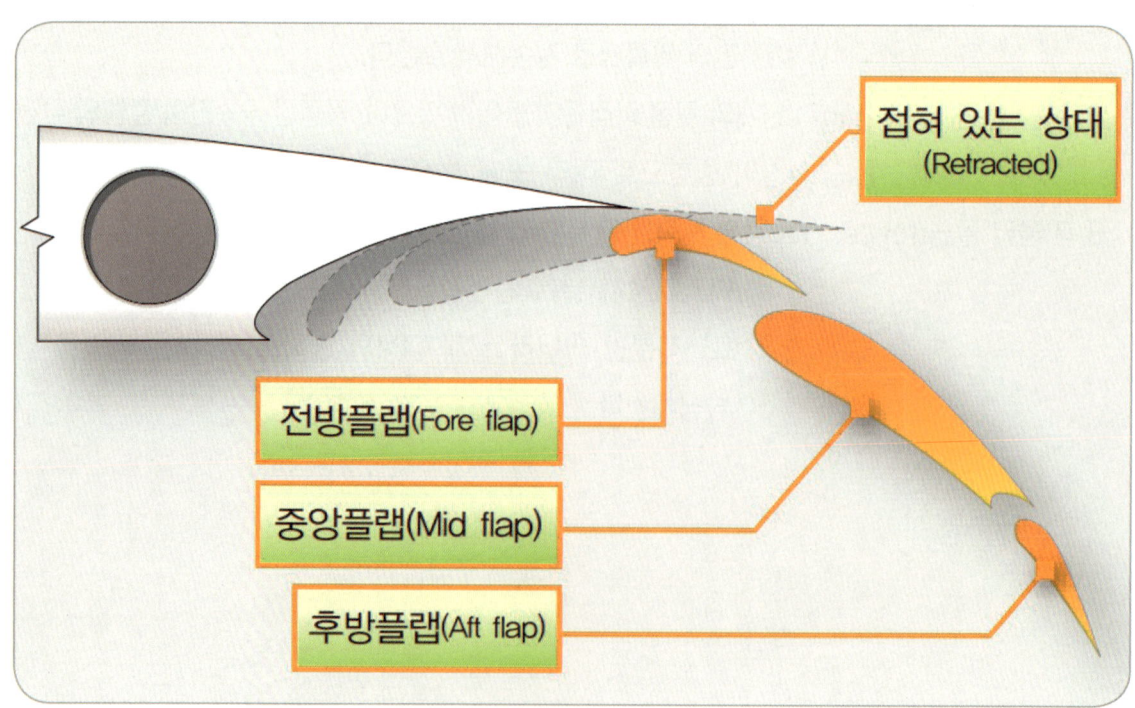

그림9. 슬롯 플랩

• 꼬리날개 ★

형태에 따른 분류 : 일반형, T형, V형(ruddervator)

수평꼬리날개 : 가로축에 대한 세로 안정, 피칭운동을 담당

수직꼬리날개 : 수직축에 대한 방향 안정, 요잉운동

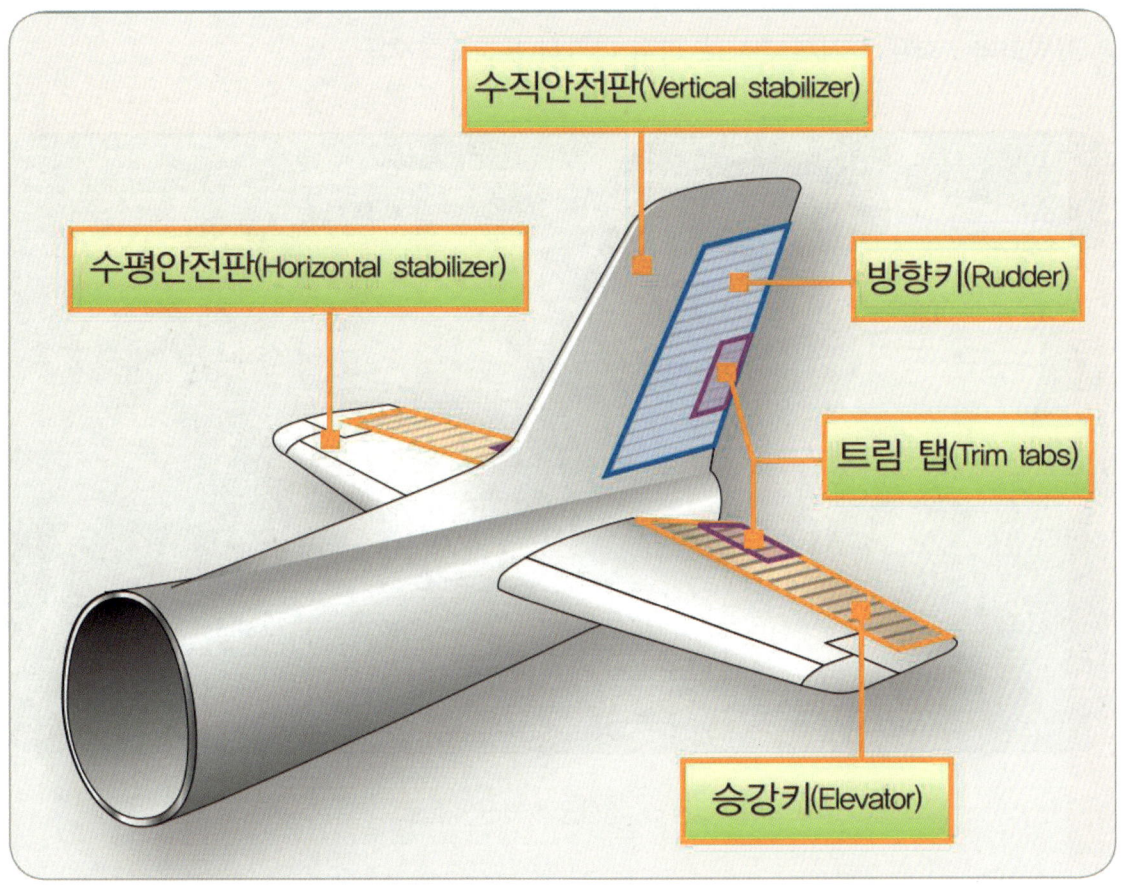

그림10. 꼬리날개

| 엔진 마운트, 카울링, 나셀 |

• 엔진 마운트
　1. 역할 : 엔진이 고정되는 구조물
　2. 종류 : 용접강관, 세미모노코크, 베드형
　3. 방화벽 : 화재가 기체 전체로 퍼져 나가지 못하도록 차단

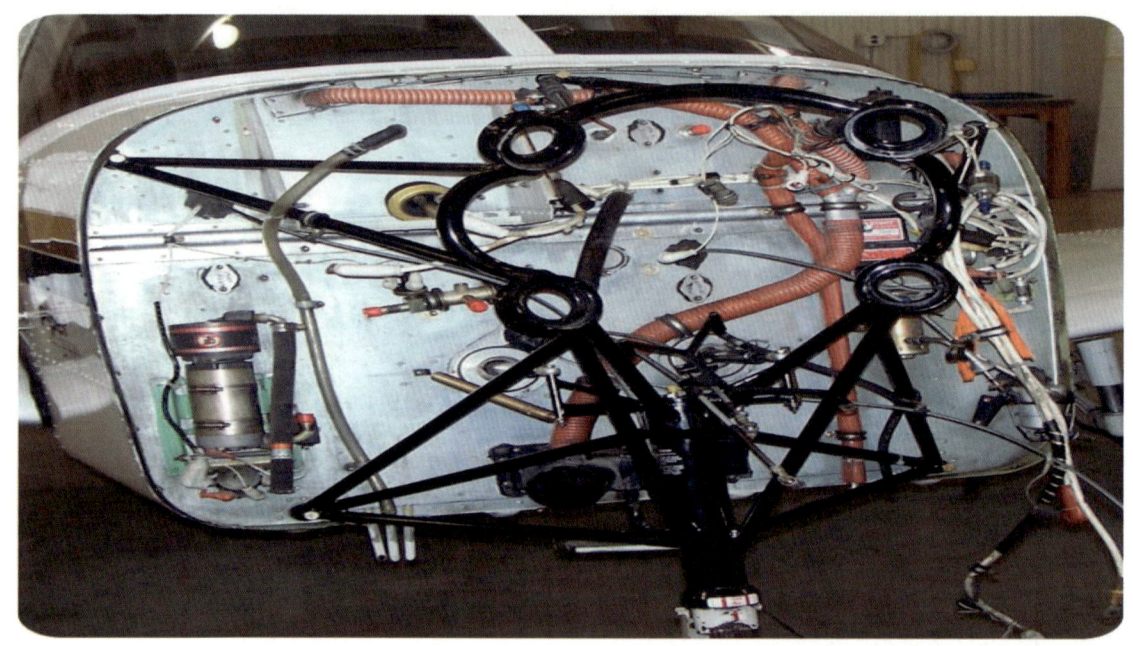

그림11. 경항공기 엔진 마운트

• 카울링 및 나셀 ★
　1. 카울링 : 항공기 엔진덮개. 나셀의 앞부분에 위치, 정비시 쉽게 장탈이 가능.
　2. 나셀 : 엔진과 엔진의 구성부품을 수용하기 위한 공간. 외피, 카울링, 구조부재,
　　　　　 방화벽, 엔진 마운트로 구성.

그림12. 가스터빈엔진 나셀의 카울링

| 조종계통 |

- **1차 비행 조종면 ★**

    1. 키놀이 : 가로축을 중심으로 회전하는 운동
    2. 옆놀이 : 세로축을 중심으로 회전하는 운동
    3. 빗놀이 : 수직축을 중심으로 회전하는 운동

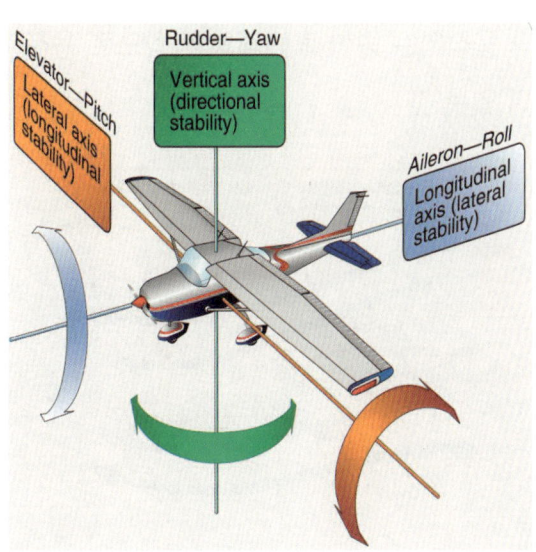

1차 조종면	항공기 운동	회전축	안정성의 유형
도움날개	옆놀이	세로축	세로안정
승강키/스태빌레이터	키놀이	가로축	가로안정
방향키	빗놀이	수직축	방향안정

그림13. 비행기 3축에 대한 조종과 운동

• 2차 비행 조종면 ★

1. 트림 탭 : 조종면의 힌지 모멘트를 감소시켜 조종력을 '0' 상태로 조종하여 조종사의 조종력을 경감시켜준다.

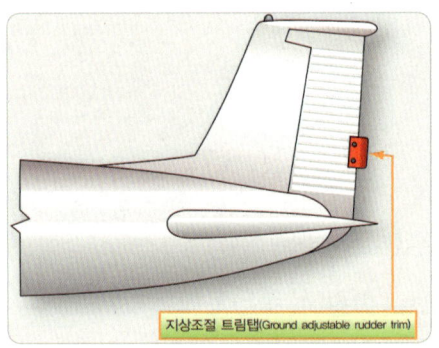

그림14. 트림 탭

2. 밸런스 탭 : 조종면이 움직이는 방향과 반대의 방향으로 움직일 수 있도록 기계적으로 연결되어 있는 것

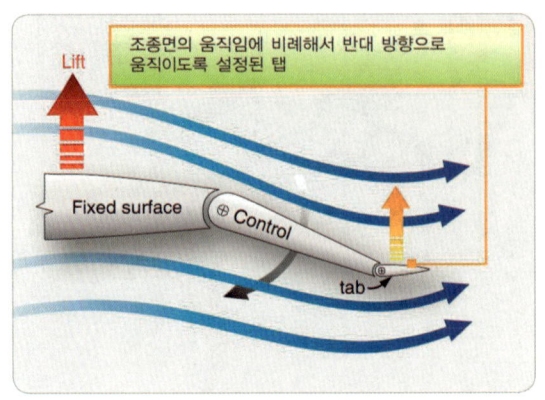

그림15. 밸랜스 탭

3. 서보 탭 : 조종석의 조종장치와 직접 연결되어 탭만 작동시켜 조종면을 움직이도록 설계된 것

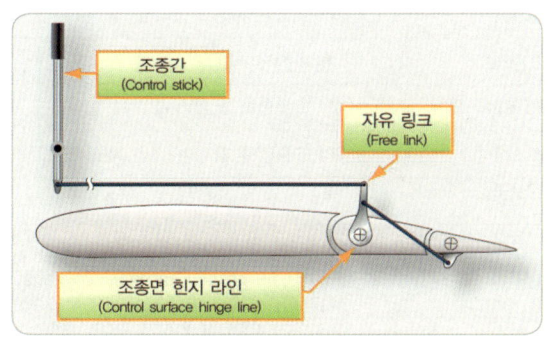

그림16. 서보 탭

4. 스프링 탭 : 스프링의 장력으로 조종력을 조절하는 것

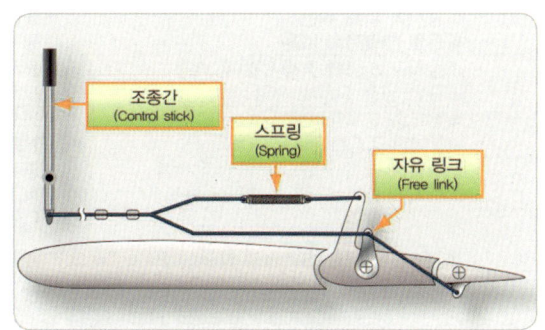

그림17. 스프링 탭

5. 안티 서보 탭(Anti-servo Tabs)

제어장치가 너무 가벼울 때나 항공기 이동 축에 추가적인 안정성이 필요할 때 도움을 준다.

그림18. 안티 서보 탭

명 칭	위 치	기 능
플랩 (flap)	날개의 내측 뒷전	· 양력증가 위해 날개 캠버 증가, 저속비행가능 · 단거리 이착륙 위해 저속에서 조작 허용
트림 탭 (trim tab)	1차 조종면 뒷전	· 1차 조종면 작동에 필요한 힘 감소
밸런스 탭 (balance tap)	1차 조종면 뒷전	· 1차 조종면 작동에 필요한 힘 감소
안티 밸런스 탭 (anti-balance tab)	1차 조종면 뒷전	· 1차 조종면의 효과와 조종력 증가
서보 탭 (servo tab)	1차 조종면 뒷전	· 1차 조종면을 움직이는 힘 제공 또는 보조
스포일러 (spoiler)	날개 뒷전/날개 상부	· 양력 감소, 에어론 기능 증대
슬랫 (slat)	날개 앞전 중간 외측	· 양력증가 위해 날개 캠버 증가, 저속비행가능 · 단거리 이착륙을 위해 저속에서 조작 허용
슬롯 (slot)	날개 앞전의 외부 도움날개의 전방	· 고받음각시 공기가 날개 상부 표면 흐름 · 낮은 실속속도와 저속에서의 조작을 제공
앞전플랩 (leading flap)	날개 앞전 내측	· 양력증가 위해 날개 캠버 증가, 저속비행가능 · 단거리 이착륙을 위해 저속에서 조작 허용

타 입	작동방향 (조종면에 대해)	작 동	영 향
트림 (trim)	반대	· 조종사에 의해 작동 · 독립된 연결장치 사용	· 비행 중 움직임 없는 균형상태 · 비행 상태는 hand off로 유지
밸런스 (balance)	반대	· 조종사가 조종면 작동시킬 때 작동 · 조종면 연결 장치에 결합	· 조종사가 조종면 작동에 필요한 조종력 극복을 지원
서보 (servo)	반대	· 비행조종 입력장치에 직접 연결 · 1차/백업 조종수단으로 작동가능	· 수동으로 작동하기에 많은 힘이 요구되는 조종면을 공기역학적으로 위치
스프링 (spring)	반대	· 서보탭에 직접 연결되는 라인에 위치 · 고속시 조종력 클 때 스프링이 보조	· 조종력 클 때 조종면 작동 가능 · 저속 비행에서는 동작하지 않음
안티-밸런스 (anti-balance) 안티-서보 (anti-servo)	동일	· 비행조종 입력장치에 직접 연결	· 비행 조종면 위치 변경을 위해 조종사가 요구되는 조종력 증가 · 비행 조종이 둔감해진다.

| 운동 전달 방식 |

· 수동 조종 장치(Manual Control System)

수동 조종장치는 조종사가 조작하는 조종간 및 방향키 페달(rudder pedal)과 조종면을 케이블이나 풀리(pulley) 또는 로드와 레버를 이용한 링크 기구(link mechanism)로 연결하여 조종사가 가하는 힘과 조작 범위를 기계적으로 조종면에 전하는 방식이다. 수동 조종장치는 케이블 조종계통, 로드 조종계통으로 구분한다.

• 케이블 조종계통(Cable Control System) ★

케이블을 이용하여 조종면을 움직이게 하는 계통이다. 항공기 구조상 굽은 통로에 대해서도 원활한 작동이 가능하며, 신뢰성이 높고 조종계통 중 가장 기본적인 것. 소형 항공기에서부터 중형 항공기에 이르기까지 널리 사용되고 있다. 장점은 무게가 가볍고, 느슨함이 없으며, 방향 전환이 자유롭고 가격이 싸다는 것이다.

단점은 마찰이 크고, 마모가 많으며, 케이블에 주어져야 할 공간이 필요 (cable의 간격이 3 [inch] 이상 떨어져야 한다.) 큰 장력이 필요하며, 케이블이 늘어나는 단점이 있다.

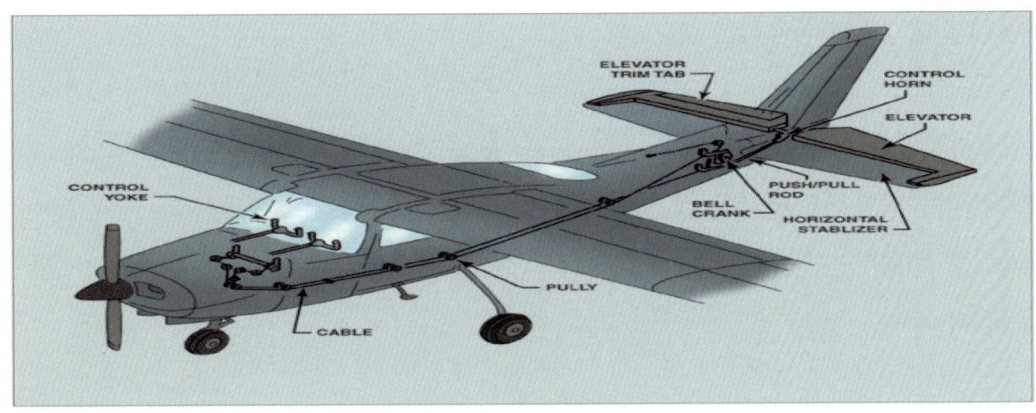

그림19. 케이블 조종계통

• 푸시 풀 로드 조종계통(Push-Pull Rod Control System)

케이블 조종계통과의 차이점은, 케이블 대신에 로드가 사용된다는 점이다.

1. 장점 : 케이블 조종계통에 비해 마찰이 적고, 늘어나지 않으며, 온도 변화에 의한 팽창 등의 영향을 거의 받지 않는 등 관리하기가 쉽다.
2. 단점 : 무겁고 관성력이 크며, 느슨함이 있을 수 있고, 값이 비싼 단점을 지니고 있다. 조종력의 전달 거리가 짧은 소형 항공기에 주로 쓰이고 있다.

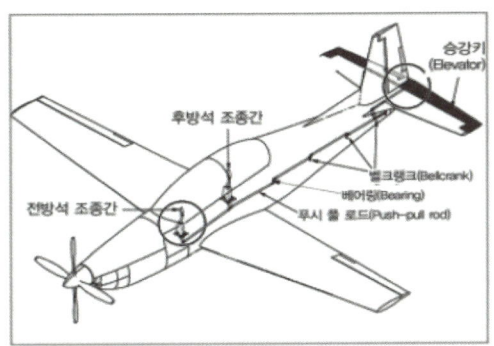

그림20. 푸시 풀 로드 조종계통

• **동력조종장치**

조종면을 작동하는데 필요한 힘을 유압이나 전기력으로 확대하여 조종하는 장치

1. 자동조종장치

    장거리 비행시 항공기에 탑재되어 항공기를 자이로컴퍼스 및 무선 장치 따위의 작용에 의하여 자동적으로 일정한 진로로 유도하는 장치.

2. FBW조종장치(Fly-By-Wire-Control System) ★

    조종간이나 방향키 페달의 움직임을 전기적인 신호로 변환하고 전기, 유압식 작동기를 통해 조종계통을 작동하는 것

• **착륙장치계통**

착륙장치는 착륙 시, 지상에 있는 동안에 항공기를 지지한다.

저속으로 비행하는 경항공기는 고정식 착륙장치, 고속항공기 및 대형 항공기는 접이식 착륙장치.

그림21. 착륙장치의 종류

◦ 전륜식 착륙장치 : 가장 일반적으로 사용된 착륙장치(landing gear)의 배열은 전륜식 착륙장치(tricycle-type landing gear)이다. 주 착륙장치(main gear)와 앞 착륙장치(nose gear)로 이루어져있다.

1. 장점

   가) 보다 빠른 착륙속도(landing speed)에서 제동 시 전복의 위험 없이 큰 제동력을 사용할 수 있다.

   나) 착륙 및 지상 이동 시 조종사의 시계가 좋다.

   다) 항공기의 무게중심이 주착륙장치의 앞에 있기 때문에 착륙활주 중 그라운드 루핑(ground looping)의 위험이 없다.

그림22. 전륜식 착륙장치

∘ 후륜식 착륙장치 : 항공기 무게의 대부분이 걸리는 위치에 2개의 주 바퀴를 장착하고 동체의 후방 끝에 좀 더 작은 꼬리바퀴를 갖추고 있다.

그림23. 후륜식 착륙장치

• 충격흡수 및 비충격흡수 착륙장치 (Shock Absorbing and Non-shock Absorbing Landing Gear)

지상 활주 시 항공기 하중 지지와, 착륙 시 지면 충격의 힘(force)은 착륙장치에 의해 제어되어야 한다.

착륙방법
1. 충격에너지가 강한 충돌에 의해 기체 전체에 걸쳐서 전달되는 것
2. 충격은 열에너지(heat energy)로 전환되어 방출되는 것

• 비충격 흡수착륙장치

∘ 판 스프링형 착륙장치(Leaf-type Spring Gear)
많은 경항공기는 착륙의 충격으로부터 손상되지 않는 범위에서 기체로 하중을 전달하는 유연 스프링(flexible spring) 강판 스트러트, 알루미늄 스트러트 또는 복합소재 스트러트 등을 이용한다.

- 경식(Rigid)

  휘어진 스프링 강판 착륙장치(landing gear)의 개발 전에, 많은 초기의 항공기는 경식용접 강관 착륙장치 스트러트(landing gear strut)로서 견고한 용접 강관에 작용한 충격하중은 기체로 전달되도록 설계되었다.

- 완충고무 코드(Bungee Cord)

  비충격흡수 착륙장치에 완충고무 코드(bungee code, 신축성 있는 고무 다발)의 사용

• 충격흡수착륙장치

- 완충스트러트(Shock Struts)

  착륙장치의 충격흡수(Shock absorption)는 접지충격의 충격에너지를 연에너지로 전환하여 흡수.

- 올레오 스트러트(oleo strut)

  충격하중을 흡수하기 위해 작동유와 혼합된 압축공기 또는 압축질소가스를 사용한다.

• 앞 착륙장치

- 시미댐퍼 : 스티어링 샤프트에 장착된 다이내믹 댐퍼로, 엔진 아이들 시 등의 엔진 강제력에 의한 스티어링 샤프트의 상하 진동을 감소시킬 목적으로 장착되어 있다.
- 시미현상 : 횡진동. 주행 중 앞바퀴의 가로 흔들림 현상. 조향 핸들이 좌우로 흔들려 운전에 지장을 초래한다. 원인은 앞바퀴 정렬의 부적절, 바퀴 언밸런스, 타이어 공기압 부적절, 현수 장치의 틈새 유격 등이 있다.
- 종류 : 피스톤형식, 날개형식, steering damper형식

그림24. 시미댐퍼

- 뒷 착륙장치

    대형기 : 올레오 완충장치

    소형기 : 판 스프링형

| 브레이크와 타이어 |

- 브레이크 종류
  - 단일 디스크 브레이크(Single-disc Brakes)
    대체로 소형, 경항공기는 각각의 바퀴에 키로 고정시키거나 볼트로 고정시킨 단일 디스크를 사용하여 효율적인 제동을 얻는다.
  - 이중 디스크 브레이크(dual-disc brakes)
    이중 디스크 브레이크는 각각의 바퀴에 단일 디스크가 충분한 제동력을 공급하지 못하는 항공기에 사용된다.
  - 멀티 디스크 브레이크(multiple-disc brakes)
    대형 및 중형항공기는 멀티디스크 브레이크의 사용을 필요로 한다.
  - 세그먼트 로터 디스크 브레이크(segmented rotor-disc brakes)
    대형, 중량형 항공기에서 바퀴의 제동을 하는 동안 발생하는 대량의 열은 문제가 되어 더욱 많이 발산하기 위해 개발됨.
  - 카본 브레이크(carbon brakes)
    경량화와 마찰열을 빠르고 안전하게 발산시키기 위해 만들어짐.
  - 팽창 튜브 브레이크(expander tubebrake)는 구형 대형 항공기에서 찾아볼 수 있다.

- 미끄러짐 방지(Anti-Skid)

  바퀴 미끄러짐을 탐지할 뿐만 아니라 바퀴 미끄러짐에 임박한 경우에도 탐지하여 자동적으로 유압계통 귀환라인으로 가압 브레이크 압력을 잠깐씩 끊어 연결함으로써 해당 바퀴의 브레이크 피스톤에서 압력을 경감시켜서 바퀴를 회전하게 하여 미끄러짐을 피하게 한다.

• **바퀴 및 타이어**

바퀴(Wheel) : 항공기 휠은 착륙장치계통의 중요한 구성요소. 항공기에 설치된 타이어는 지상 활주, 이륙, 그리고 착륙시에 항공기의 무게를 지탱.

튼튼하고 가벼우며, 일부 마그네슘합금 휠이 사용되기도 하지만 일반적으로 항공기 알루미늄합금으로 만들어짐

초기에는 분리식 림(rim)을 가지고있는 휠에서 2개의 대칭적인 휠을 개발함. 거의 모든 최신의 항공기 휠은 투피스(two-piece) 구조이다.

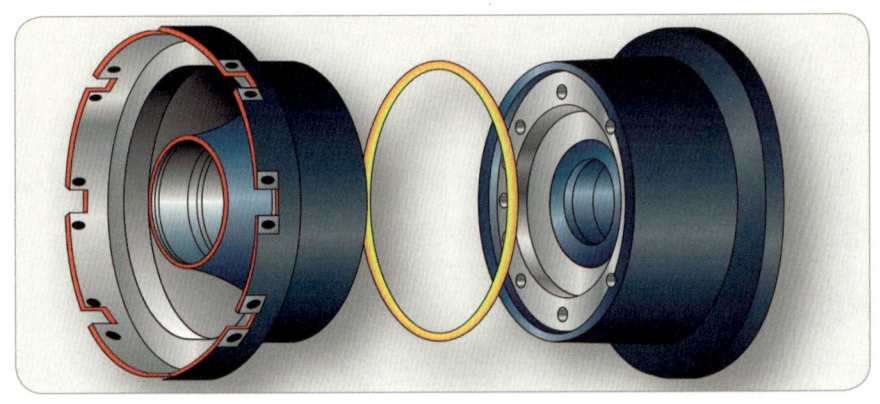

그림25. 현대 경량 항공기의 2부분 분할 휠

• **항공기 타이어와 튜브(Aircraft Tires and Tubes)** ★

항공기 타이어는 튜브형과 튜브리스형으로 구분.

타이어는 지상에 있는 동안 항공기의 무게를 지탱하고 제동과 정지를 위해 필요한 마찰을 제공함. 또한 착륙의 충격을 흡수할 뿐만 아니라 이륙, 착륙 후의 활주, 그리고 활주시 진동을 완화시키는데 도움을 줌.

- **비드(bead)**

  타이어 카커스를 고정시키고 휠 림에 타이어의 크기에 알맞은 단단한 장착면을 마련한다. 타이어 비드는 튼튼하며, 일반적으로 고무에 싸인 고강도 탄소강 와이어다발로 제작된다.

- **에이픽스 스트립(apex strip)**

  플라이를 감아 붙인 부분을 정착시키기고 윤곽을 주기 위해 비드 주위에 성형된 추가의 고무제품이다.

- **플래퍼(flipper)**

  직물과 고무의 층. 비드로부터 뼈대를 격리하고 타이어 내구성을 향상시키기 위해 비드 주위에 놓인다.

- **체이퍼(chafer)**

  타이어의 장착과 장탈 시에 손상으로부터 뼈대를 보호하며, 특히 동적운영시에 휠 림과 타이어 비드 사이에 마모와 마찰의 영향을 줄이는 데 도움을 준다.

- **카커스 플라이(carcass plies)**

  카커스 플라이 또는 케이싱 플라이(casing ply)는 타이어 형상을 만드는데 사용. 각 플라이는 두 층의 고무 사이에 끼워진 직물(fiber), 보통 나일론으로 구성된다.

  플라이는 타이어 강도를 제공하고 타이어의 카커스 보디(carcass body)를 형성하기 위해 층으로 적층된다.

- **플라이턴업(ply turn-up)**

  각 플라이의 끝은 플라이 끝을 접어주기(turn-up)위해 타이어 양쪽의 비드 주위를 감싸서 고정된다. 플라이가 제자리에 놓이면 바이어스타이어와 레이디얼타이어는 각각 플라이의 상단 그리고 타이어의 활주면의 트레드 아래에 고유한 형태의 보호층이 있다.

- **트레드 보강플라이(reinforcing plie)**

  바이어스타이어에서 나일론과 고무의 단일 또는 다중의 층.

  레이디얼타이어에서, 언더트레드(under tread)와 보호장치 플라이(protector ply)는 동일한 임무를 수행한다. 이러한 추가 플라이는 타이어의 중앙부분(crown area)을 안정시키고 강화시키며, 하중 상태에서 트레드 비틀어짐을 줄이고 고속에서 타이어의 안정성을 증대시킨다. 보강 플라이와 보호 플라이는 타이어의 카커스 바디(carcass body)를 보호하며 펑크와 절단을 견디는데 도움을 준다.

• 트레드(tread)

항공기 타이어 트레드는 지면과 접촉하도록 설계된 타이어의 중앙부분으로, 마모, 긁힘, 절단(cutting)과 균열에 견디도록 제조된 고무배합물(rubbercompound)이다. 또한 열축적을 방지하도록 만들었다. 홈은 습한 조건에서 타이어의 냉각을 제공하고 지표면에 접지력을 증대하기 위해 타이어 아래에서 물 배출에 도움을 준다.

• 측면 벽(sidewall)

항공기 타이어의 측면 벽은 카커스 플라이를 보호하도록 설계된 고무의 층이다. 타이어에 대한 오존의 부정적 효과를 방지하도록 설계된 화합물을 함유하며, 타이어에 관한 정보가 표시된 지역이다. 타이어 측면 벽은 코드 바디(cord body)에 작은 강도를 전하며, 주 기능은 보호에 있다.

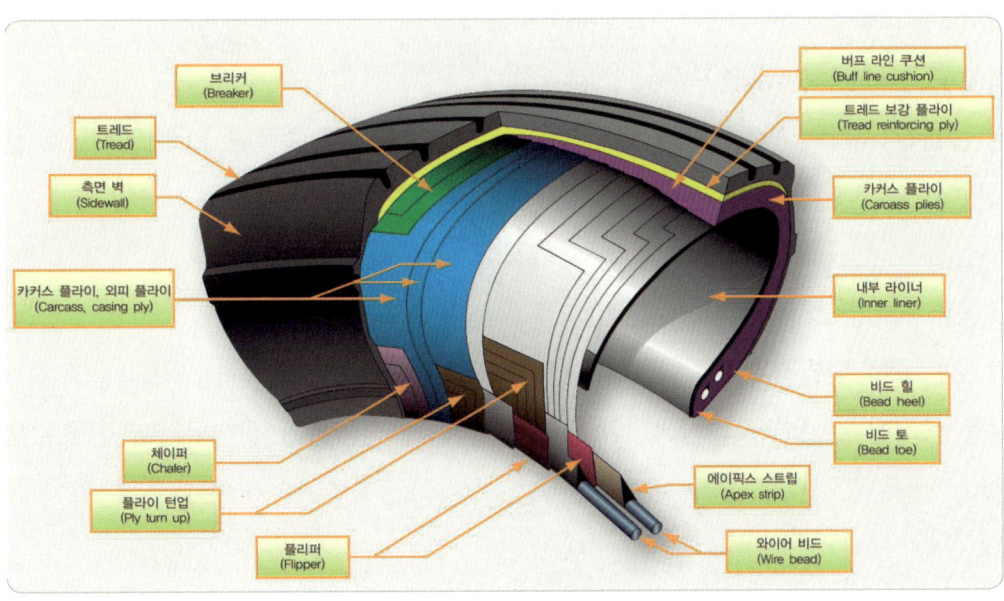

그림26. 항공기 타이어 구조 명칭

| 연료계통 |

터빈 엔진 연료(Turbine engine fuels)

터빈엔진연료의 특성은 AVGAS보다 아주 더 낮은 휘발성, 더 높은 비등점(boiling point) 과 점성을 가지고 있는 탄화수소 화합물이다.

• 소형 단발항공기 연료 계통 (Small single-engine aircraft fuel systems)

탱크의 위치와 엔진으로 가는 연료의 계량(metering) 방법에 따라 다양하다. 고익기(high-wing aircraft)의 연료계통은 저익기(low-wing aircraft)와 다르게 설계될 수 있다. 기화기를 가지고 있는 항공기 엔진은 연료분사장치(fuel injection)를 가지고 있는 항공기와 다른 연료계통을 갖는다.

◦ 중력식 공급 시스템(Gravity-feed system)

높은 날개에 각각의 연료탱크가 있는 고익기는 일반적으로 중력에 의해 엔진으로 연료를 공급한다.

◦ 펌프 공급 계통(Pump-feed system)

저익 또는 중익 단발왕복엔진 항공기는 연료탱크가 엔진 위쪽에 있지 않기 때문에 중력으로 연료를 공급할 수 없다. 대신에 1개 이상의 펌프가 공급관에 장착되어 엔진으로 연료를 보낸다.

◦ 고익 항공기의 연료분사계통(High-wing aircraft with fuel injection system)

연료펌프의 사용과 중력식공급을 결합시킨 것. 연료분사식이란 압력이 걸린 연료를 엔진 입구 또는 실린더 내부로 직접 뿌려주는 방식으로, 연료에 공기는 혼합되지 않는다. 분배 매니폴드에 장착된 연료유량지시기(fuel flow indicator)는 조종실에 시간당 흐르는 연료량(gallon/hour)을 지시해준다.

- **소형 다발왕복엔진 항공기의 연료 계통 (Small multiengine reciprocating aircraft fuel systems)**

  ◦ 저익 쌍발 엔진(Low-wing twin engine)
  소형 다발항공기의 연료계통은 단발기보다 더 복잡하지만 많은 동일한 구성품을 사용한다. 날개 끝의 주연료탱크와 날개구조물에 보조탱크가 있다. 승압펌프(boost pump)는 각각의 주 탱크 배출구에 위치하고 탱크에서 분사장치(injector)까지 전체의 연료계통에 압력을 가한다.

  ◦ 고익 쌍발 엔진(High-wing twin engine)
  전기펌프와 함께 중력공급(gravityfeed)을 결합한 고익 쌍발기의 기본적인 연료계통을 보여준다. 선택된 탱크로부터 연료를 흡입하여 연료분사 계량장치(fuel injection metering system)의 입구로 가압된 연료를 보낸다. 각각의 엔진에 대한 계량장치 (metering unit)는 분배 매니폴드로 적당한 량의 연료를 공급한다.

- **대형왕복엔진항공기 연료계통 (Large reciprocating-engine aircraft fuel systems)**

  각각의 엔진에 대한 선택밸브는 엔진구동펌프가 주 탱크 또는 보조탱크로부터 연료를 빨아들이게 한다. 연료는 필터를 거쳐 펌프로 간다. 펌프의 배출구는 조종석에서 제어되는 밸브에 의해 크로스피드 관(cross feed line)을 통하여 어느 엔진이든지 공급할 수 있다.

- **운송용 항공기 연료 계통 (Transport aircraft fuel systems)**

  운송용 제트항공기(transport-categoryjetaircraft)의 연료계통은 복잡하며, 구성요소가 왕복엔진항공기의 연료계통과는 크게 다르다. 일반적으로 더 많은 중복기능 (redundancy)을 갖고 있고 승무원이 항공기의 연료하중을 관리하면서 다수의 선택을 이용할 수 있다. 보조동력장치(APU, auxiliary power unit), 가압 급유(pressure refueling), 그리고 연료투하장치 (fuel jettison system)와 같은 장치가 여객기 연료계통에 추가된다.

• **항공기 연료계통 구성품**

◦ **연료 탱크(Fuel tanks)**

항공기연료탱크에는 세 가지 기본적인 형태가 있는데, 경식분리형 탱크(rigid removable tank), 부낭형 탱크(bladder tank), 그리고 일체형 연료탱크(integral fuel tank)이다. 대부분 탱크는 부식방지재료로 조립되고, 벤트관, 섬프, 드레인밸브, 배플이 장착되있다.

1. 경식 분리형 연료탱크 (Rigid removable fuel tank)

많은 구형 항공기의 연료탱크는 다양한 경식재료로 제작되어 기체구조에 고정시킨다. 동체탱크(fuselage tank)도 많이 사용한다.

2. 부낭형 연료 탱크(Bladder fuel tank)

강화 열가소성재료로 만들며 경식탱크를 대신하여 사용되기도 한다.

3. 일체형 연료탱크(Integral fuel tank)

많은 항공기, 특히 운송용 고성능 항공기는 날개 또는 동체 구조의 일부분을 연료탱크로 사용하기 위해 혼합 실란트(two-part sealant)로 밀봉되어 있다. 밀봉된 스킨(skin)과 기체구조물은 가장 적은 중량으로 가장 많은 공간을 제공한다.

◦ **연료펌프**

1. 수동식 연료펌프(Hand-operated fuel pumps)

일부 구형 왕복엔진 항공기에는 수동식 연료펌프가 장착되어 있다. 이는 엔진구동펌프를 보조하고, 탱크에서 탱크로 연료를 이동시키기 위해 사용된다.

2. 원심승압펌프(Centrifugal boost pumps)

대형 고성능 항공기에 사용되는 가장 일반적인 유형의 보조 연료펌프는 원심펌프이다. 전기모터로 구동되며 대부분 연료탱크 내부의 가장 아래 부분에 위치하여 연료에 잠겨 있거나 탱크의 외부 밑부분에 장착되어 있다.

3. 배출펌프(Ejector pumps)

원심펌프(centrifugal pump)는 연료탱크 내부에 장착되어 항상 연료에 잠겨 있도록 설계된다. 펌프가 연료없이 공회전하는 현상(cavity)을 방지하며, 펌프가 연료에 의해 냉각되도록 해준다.

4. 맥동전기펌프(Pulsating electric pumps)

왕복엔진을 장착한 경항공기에서 많이 사용된다.

5. 베인형 연료펌프(Vane-type fuel pumps)

베인형 연료펌프(vane-type fuelpump)는 왕복엔진 항공기에 적용되는 가장 일반적인 형태의 연료펌프이다. 이 펌프는 엔진구동 1차 연료펌프(engine-driven primary fuel pump)로서 그리고 보조연료펌프 또는 승압펌프(boost pump)로서 사용된다.

◦ 연료 필터(Fuel filters)

항공기에 사용되는 연료정화장치(fuel cleaning device)는 주로 두 가지 형태가 있다.

1. 연료 스트레이너(fuel strainer) : 보통 비교적 굵은 철망으로 조립되어 큰 조각의 부스러기를 걸러내어 연료계통을 보호한다. 물의 흐름을 방해하지는 않는다.
2. 연료 필터(fuel filter) : 보통 정밀격자로 조립되어 있고, 수천분의 1inch 직경의 상당히 미세한 이물질을 걸러낼 수 있으며 또한 물도 추출하는데 도움을 준다.

◦ 연료 히터와 연료 결빙 방지 (Fuel heaters and ice prevention)

얼음이 형성되지 않도록 연료를 따뜻하게 하는데 사용한다.

◦ 연료 계통 지시기 (Fuel system indicators)

1. 연료유량계(fuel flowmeter) : 실시간으로 엔진의 연료사용량을 지시한다. 조종사가 엔진 성능을 확인하고, 비행 계획(flight planning)을 계산하기 위해 사용한다.
2. 연료온도 게이지(Fuel temperature gauges) : 연료온도의 모니터링은 연료온도가 연료 계통에서 특히 연료 필터에서 결빙될 만큼 낮을 때 조종사에게 이를 알려 준다.
3. 연료 압력 게이지(Fuel pressure gauges) : 연료압력의 모니터링은 연료계통의 관련 구성품의 기능불량에 대한 조기경보를 조종사에게 제공한다.

항공기 구조 연습문제 》

1. 항공기에 적용되는 응력 중 옳지 않는 것은?
    ① 인장응력(tensionstress)
    ② 압축응력(compressionstress)
    ③ 비틀림응력(torsionstress)
    ④ 절삭응력(bendingstress)

2. 동체구조의 형식 중 트러스에 대한 설명으로 옳은 것은?
    ① 빔, 스트럿, 바 등의 부재로 만들어진 단단한 구조
    ② 항공기 동체의 외판만으로 하중에 견디게 된 구조
    ③ 외피, 벌크헤드, 정형재로 구성
    ④ 모노코크 구조의 강도와 무게의 문제점을 극복하기 위해 만들어졌다.

3. 페일세이프 구조 중 옳지 않은 것은?
    ① 다경로 하중구조
    ② 다중구조
    ③ 대치구조
    ④ 하중 경감구조

정답 : ④ ① ②

4. 날개의 주요 구조부재 중 옳지 않는 것은?
   ① 날개보
   ② 리브
   ③ 가로지
   ④ 외피

5. 날개의 장치구성 중 옳은 것은?
   ① 후면 플랩
   ② 다중 분할 플랩
   ③ 피욜 플랩
   ④ 파울러 플랩

6. 꼬리날개의 설명으로 옳지 않는 것은?
   ① 수평꼬리날개 : 가로축에 대한 세로 안정, 피칭을 담당
   ② 수평꼬리날개 : 세로축에 대한 가로 안정, 요잉을 담당
   ③ 수직꼬리날개 : 수직축에 대한 방향 안정, 피칭을 담당
   ④ 수직꼬리날개 : 가로축에 대한 방향 안정, 요잉을 담당

7. 카울링의 설명으로 옳은 것은?
   ① 엔진과 엔진의 구성부품을 수용하기 위한 공간
   ② 항공기 엔진 덮개
   ③ 나셀의 뒷부분에 위치
   ④ 정비시 장착, 탈착이 어렵다

정답 : ③ ④ ① ②

8. 나셀의 설명으로 옳은 것은?
   ① 나셀의 앞부분에 위치
   ② 정비시 쉽게 장착, 탈착이 가능
   ③ 외피, 카울링, 구조부재, 엔진 마운트로 구성
   ④ 항공유 저장공간

9. 1차 비행 조종면의 설명 중 옳지 않은 것은?
   ① 키놀이 : 가로축을 중심으로 회전하는 운동
   ② 옆놀이 : 세로축을 중심으로 회전하는 운동
   ③ 빗놀이 : 수직축을 중심으로 회전하는 운동
   ④ 앞놀이 : 대각선축을 중심으로 회전하는 운동

10. 2차 비행 조종면의 구성으로 옳지 않은 것은?
    ① 드럼탭
    ② 밸런스탭
    ③ 서보탭
    ④ 스프링탭

11. 케이블 조종계통의 장점으로 옳지 않는 것은?
    ① 무게가 가볍다
    ② 마모가 크다
    ③ 느슨함이 없다
    ④ 방향전환이 자유롭고 가격이 싸다

정답 : ③ ④ ① ②

12. 푸시 풀 로드 조종계통의 단점으로 옳지 않는 것은?
    ① 무겁다
    ② 관성력이 크다
    ③ 중,대형 항공기에 주로 쓰인다
    ④ 비싸다

13. 시미현상 설명으로 옳지 않은 것은?
    ① 주행 중 앞바퀴의 가로 흔들림 현상
    ② 조향 핸들이 좌우로 흔들려 운전에 지장
    ③ 앞바퀴 정렬의 부적절해서 일어나는 현상
    ④ 현수장치의 틈새 유격이 없어서 일어나는 현상

14. 타이어 구성의 설명 중 올바른 것은?
    ① 사이드 웰 : 타이어의 정보가 표시되어 있다
    ② 트레드 : 카커스 플라이를 보호하도록 설계되었다.
    ③ 카커스 플라이 : 튼튼하며, 고무에 싸인 고강도 탄소상 와이어다발로 제작된다.
    ④ 트레드 보강플라이 : 타이어 양쪽의 비드 주위를 감싸서 고정한다.

정답 : ③ ④ ①

항공기 재료 및 요소

- **항공기 금속(Aircraft Metals) 특징**
  - 상온에서 고체이며, 결정체
  - 전성 및 연성이 좋음
  - 금속 특유의 광택을 지님
  - 전기 및 열전도율이 좋음.

- **금속의 특성(Properties of Metals) ★**

  항공기 정비에 있어서 일차적으로 고려되는 것은 금속이나 그 합금의 경도, 전성, 연성, 탄성, 인성, 밀도, 취성, 가용성, 전도성, 수축 및 팽창, 등과 같은 일반적인 성질들이다.
  - 경도(hardness) : 마모, 침투, 절삭, 영구 변형 등에 저항할 수 있는 금속의 능력을 말한다.
  - 강도(strength) : 변형에 저항하려는 재료의 능력이다. 또한, 강도는 외력에 대항하여 파괴되지 않고 응력(stress)에 견디는 재료의 성질이다.
  - 밀도(Density) : 재료의 밀도는 단위 체적당 질량을 의미한다.
  - 전성(malleability) : 균열이나 절단 또는 다른 어떤 해로운 영향을 남기지 않고 단조, 압연, 압출 등과 같은 가공법으로 판재처럼 넓게 펴는 것이 가능하다면 이 금속은 가연성(전성)이 좋다고 말한다.
  - 연성(ductility) : 연성은 끊어지지 않고 영구적으로 잡아 늘리거나 굽히고, 또는 비틀어 꼬는 것이 가능하게 하는 금속의 성질이다.
  - 탄성(elasticity) : 물체의 변형을 일으키게 했던 하중을 제거하면, 원래 형태로 되돌아가는 금속의 성질.
  - 인성(toughness) : 찢어짐이나 전단에 잘 견디고, 파괴됨이 없이 늘리거나 변형시킬 수 있다.

- 취성(brittleness) : 약간 굽히거나 변형시키면 깨져버리는 금속의 성질이다.
- 가용성(Fusibility) : 가용성은 열에 의해 고체에서 액체로 변하는 금속의 성질이다.
- 전도성(conductivity) : 전도성은 금속에서 열이나 전기가 전달되는 성질이다.
- 열팽창(thermal expansion) : 열팽창은 가열 또는 냉각에 의해서 금속이 수축하거나 팽창하는 물리적인 크기의 변화를 의미한다.

• 항공기용 철강 금속 (Ferrous Aircraft Metals)

"철강(Ferrous)"은 주 성분이 철(iron)인 금속을 말한다.

철(Iron)에 약 1% 정도의 탄소가 함유된다면, 그 합금은 순철보다 매우 우수하며 탄소강으로 분류한다.

- 탄소강 (carbonsteel)은 강의 성질을 개선하기 위해 다른 원소를 첨가하여 합금강으로 만들 때 모재금속이 된다. 철과 같은 모재금속에 소량의 다른 금속을 첨가해서 만든 금속을 합금이라고 한다.

• 강과 강 합금(Steel and Steel Alloys) ★

미국의 자동차기술자협회(SAE, society of automotive engineers)와 철강협회(AISI, american iron and steel institute)는 자동차 및 항공기 구조재로 사용되는 강을 분류함. 앞의 두 자리는 강의 종류, 두 번째 자리는 주 합금원소의 함유량을 나타내고, 마지막 두자리(또는 세자리)는 그 합금에 함유된 탄소 함유량을 백분율로 나타낸다.

Series Designation	Types
10xx	Non-sulfurized carbon steels
11xx	Resulfurized carbon steels (free machining)
12xx	Rephosphorized and resulfurized carbon steels (free machining)
13xx	Manganese 1.75%
*23xx	Nickel 3.50%
*25xx	Nickel 5.00%
31xx	Nickel 1.25%, chromium 0.65%
33xx	Nickel 3.50%, chromium 1.55%
40xx	Molybdenum 0.20 or 0.25%
41xx	Chromium 0.50% or 0.95%, molybdenum 0.12 or 0.20%
43xx	Nickel 1.80%, chromium 0.5 or 0.80%, molybdenum 0.25%
44xx	Molybdenum 0.40%
45xx	Molybdenum 0.52%
46xx	Nickel 1.80%, molybdenum 0.25%
47xx	Nickel 1.05% chromium 0.45%, molybdenum 0.20 or 0.35%
48xx	Nickel 3.50%, molybdenum 0.25%
50xx	Chromium 0.25, or 0.40 or 0.50%
50xxx	Carbon 1.00%, chromium 0.50%
51xx	Chromium 0.80, 0.90, 0.95 or 1.00%
51xxx	Carbon 1.00%, chromium 1.05%
52xxx	Carbon 1.00%, chromium 1.45%
61xx	Chromium 0.60, 0.80, 0.95%, vanadium 0.12%, 0.10% min., or 0.15% min.
81xx	Nickel 0.30%, chromium 0.40%, molybdenum 0.12%
86xx	Nickel 0.55%, chromium 0.50%, molybdenum 0.20%
87xx	Nickel 0.55%, chromium 0.05%, molybdenum 0.25%
88xx	Nickel 0.55%, chromium 0.05%, molybdenum 0.35%
92xx	Manganese 0.85%, silicon 2.00%, chromium 0 or 0.35%
93xx	Nickel 3.25%, chromium 1.20%, molybdenum 0.12%
94xx	Nickel 0.45%, chromium 0.40%, molybdenum 0.12%
98xx	Nickel 1.00%, chromium 0.80%, molybdenum 0.25%

*Not included in the current list of standard steels

표1. SAE 규격번호

• 강 합금의 종류, 특성과 용도 (Types, Characteristics, and Use of Alloyed Steels)

1. 탄소강의 분류 ★

   가) 저탄소강 : 탄소가 0.10~0.30% 함유된 강

   나) 중탄소강 : 탄소가 0.30~0.50% 함유된 강

   다) 고탄소강 : 탄소를 0.50~1.05% 함유하고 있는 강

2. 종류 ★

   가) 니켈강 : 탄소강에 니켈(nickel)을 첨가시켜서 만든다. 3~3.75% 니켈을 함유하고 있는 강을 주로 사용. 니켈은 강의 연성을 감소시키지 않고 경도, 인장강도, 탄성한계 등을 증가시킨다. 또한, 열처리를 통해 경도를 증강시킨다.

   나) 크롬-니켈강(chrome-nickel steel) : 경도, 강도, 내식성이 우수하며, 일반적인 탄소강보다 더 큰 인성과 강도를 요구하는 열처리 단조품에 특히 적합하다.

   다) 크롬-니켈강 또는 스테인리스강(stainless steel) : 내식성이 큰 금속이다. 이 강의 내식성은 합금원소의 조성(composition), 온도, 농도 등에 따라 결정되며, 금속의 표면 상태에 따라 다르게 나타난다. 스테인리스강의 주 합금원소는 크롬(Cr)이다.

   라) 스테인리스강 : 다양한 형상으로 압연, 인발, 굽힘 성형하는 것이 가능하다, 연강보다 약 50% 더 팽창하며 약 40%정도 열을 전도시키기 때문에, 용접하는 것이 매우 어렵다.

   마) 크롬-바나듐강(chromium-molybdenum steel) : 약 18% 바나듐과 약 1% 크롬으로 만든다. 열처리하면 강도, 인성이 커지고 마모와 피로에 대한 저항이 우수해진다. 특수등급은 판형태로 된 복잡한 형상으로 냉간가공 하는 것이 가능하다. 파괴나 파손현상없이 접거나 펼칠 수 있다.

   바) 몰리브덴 : 강한 합금원소로서, 연성이나 가공성에 영향을 주지 않고 강의 극한강도(ultimate strength)를 증가시킨다.

   사) 몰리브덴강 : 단단하고 내마모성이 우수하며, 열처리 되었을 때 완전히 경화된다. 특히 용접에 적합하기 때문에 용접으로 제작하는 구조부나 조립품에 사용한다.

아) 크롬 · 몰리브덴강 : 탄소 0.25~0.55%, 몰리브덴 0.15~0.25%, 크롬 0.50~1.10%를 포함하는 계열이다. 적절히 열처리하면 완전히 경화되며, 기계가공이 쉽고, 가스나 전기를 이용한 용접이 용이하며, 특히 고온 부분 사용에 적합하다.

자) 인코넬(inconel) : 외형상 스테인리스강 즉 내식강 (CRES; corrosion-resistant steel)과 거의 유사한 니켈-크롬-철(chromium-molybdenum steel)로 구성된 합금이다.

• 항공기용 비철금속 (Nonferrous Aircraft Metals)

비철(nonferrous) : 금속의 주성분이 철이 아닌 다른 원소로 이루어진 모든 금속을 의미한다. 이 종류에는 모넬(monel, 니켈-구리 합금)과 배빗 (babbit, 주석, 납, 아연, 안티몬 합금) 같은 합금은 물론 알루미늄, 티타늄(titanium), 구리, 마그네슘 등과 같은 금속들이 포함된다.

• 알루미늄과 알루미늄 합금 (Aluminum and Aluminum Alloys) ★

내식성, 가공성, 전도성이 우수한 흰색 광택을 띠는 금속이다.

주 합금성분으로는 망간(manganese), 크롬 (chromium), 마그네슘, 규소(Silicon) 등이며, 이 알루미늄합금은 부식환경에서도 잘 견딘다. 알루미늄은 오늘날 항공기 제작에 가장 널리 사용되는 금속이다. 이 알루미늄은 중량에 대한 강도비가 높으며, 비교적 제작이 용이하기 때문에 항공 산업에서 매우 중요한 부분을 차지한다. 알루미늄의 두드러진 특성은 가볍다는 것이다. 알루미늄은 비교적 낮은 온도(1,250°F)에서 녹으며, 비자성체이고 전도성이 우수하다.

◦ 알루미늄 구분
   1. 주조용 알루미늄합금(모래주형주조, 영구주형주조, 다이캐스팅(die casting)에 적합한 것들)
   2. 가공용 알루미늄합금(압연, 인발, 또는 단조 가공에 의해 성형되는 것들)이다. 가공용 알루미늄합금은 스트링거(stringer), 벌크헤드 (bulkhead), 외피(skin), 리벳(rivet), 압출 가공된 부분 등에 사용하며, 항공기 구조부분에서 가장 폭넓게 사용한다.

   * 가공용 알루미늄(Wrought aluminum) 가공용 알루미늄 또는 가공용 알루미늄합금은 4자리수로 규격을 표시한다.

◦ 그룹종류
   1xxx 그룹
   2xxx~8xxx 그룹
   9xxx 그룹 : 현재는 사용되지 않음.

   (★) 규격번호의 첫 번째 자리 수(Digit)는 합금 종류를 나타낸다.
   두 번째 자리 수는 특정한 합금의 개량 여부 (modification)를 나타낸다. 두 번째 자리 수가 0이면, 특별한 개량을 하지 않았다는 것을 의미한다.
   이 그룹의 두 번째 숫자는 합금성분에 대하여 개량한 회수를 1~9까지 중 연속적으로 할당하여 나타낸다. 1xxx 그룹에서 끝의 두 자리는 금속의 순도가 99%를 초과한 정도를 1/100% 단위로 나타낼 때 사용된다. 예를 들어 끝의 두 자리가 30이라면, 순수 알루미늄 99%에 0.30%를 더해서 99.30% 순수 알루미늄이 된다.

   예) 1100 99.00 % 순수 알루미늄 1회 성능 개량하였음
       1130 99.30 % 순수 알루미늄 1회 성능 개량하였음
       1275 99.75 % 순수 알루미늄 2회 성능 개량하였음

2xxx~8xxx 그룹

2xxx 구리, 3xxx 망간, 4xxx 규소, 5xxx 마그네슘, 6xxx 마그네슘, 규소 7xxx, 아연 8xxx 그 밖의 원소 2xxx~8xxx 합금그룹에서, 합금 규격번호의 두 번 째 자리 수는 합금의 개량 여부를 나타낸다. 만약 두 번째 자리 수가 0이면, 그것은 원래의 합금임을 의미하고, 반면에 1~9사이의 숫자는 합금의 개량회수를 나타낸다. 표 5-2에 나타난 것과 같이, 네 자리 중 끝의 두 자리는 그룹에서 다른 합금 성분을 표시한다.

Alloy	Percentage of Alloying Elements Aluminum and normal impurities constitute remainder								
	Copper	Silicon	Manganese	Magnesium	Zinc	Nickel	Chromium	Lead	Bismuth
1100	—	—	—	—	—	—	—	—	—
3003	—	—	1.2	—	—	—	—	—	—
2011	5.5	—	—	—	—	—	—	0.5	0.5
2014	4.4	0.8	0.8	0.4	—	—	—	—	—
2017	4.0	—	0.5	0.5	—	—	—	—	—
2117	2.5	—	—	0.3	—	—	—	—	—
2018	4.0	—	—	0.5	—	2.0	—	—	—
2024	4.5	—	0.6	1.5	—	—	—	—	—
2025	4.5	0.8	0.8	—	—	—	—	—	—
4032	0.9	12.5	—	1.0	—	0.9	—	—	—
6151	—	1.0	—	0.6	—	—	0.25	—	—
5052	—	—	—	2.5	—	—	0.25	—	—
6053	—	0.7	—	1.3	—	—	0.25	—	—
6061	0.25	0.6	—	1.0	—	—	0.25	—	—
7075	1.6	—	—	2.5	5.6	—	0.3	—	—

표2. 가공용 알루미늄 합금의 공식 성분

합금원소에 따른 영향 (Effect of Alloying Element)
1. 1000계열 99% 이상의 순수 알루미늄으로, 우수한 내식성 (corrosion resistance), 높은 열전도율(thermal conductivity)과 전기전도성, 낮은 기계적 성질, 우수한 가공성 (workability) 등의 장점을 가진다. 철과 규소가 주 합금 원소이다.
2. 2000계열 구리가 주 합금원소이며 부식에 취약하다. 이 계열은 보통 6000계열보다 고강도 합금이며 외피용으로 적합하다. 가장 잘 알려진 합금은 2024이다.

3. 3000계열 일반적으로 열처리(heat-treatment) 하지 않는 망간이 이 그룹의 주 합금 원소이다. 효율적인 합금이 되기 위한 망간의 함유량은 1.5% 정도이다. 가장 대표적인 것은 3003이고, 가공특성이 우수하다.
4. 4000계열 규소가 이 그룹의 주 합금원소이며, 다른 알루미늄 합금에 비해 더 낮은 용융 온도(melting temperature) 를 갖는다. 이 그룹의 주사용처는 용접(welding)과 납땜(brazing)이다.
5. 5000계열 마그네슘이 주 합금원소이다. 이 계열은 용접성이 양호하고 내식성이 우수한 특성을 갖는다. 150°F 이상의 고온 또는 과도한 냉간가공은 부식에 대한 저항을 감소시킨다.
6. 6000계열 규소와 마그네슘이 주 합금원소이며, 열처리할 수 있는 합금인 마그네슘- 규소 화합물 (silicide)을 형성한다. 이 계열의 대표적인 합금은 6061이다. 그것은 중간 정도의 강도, 우수한 성형 가공성, 내식성 등의 특성을 갖는다.
7. 7000계열 주 합금원소는 아연이다. 마그네슘을 함께 첨가하면 열처리할 수 있는 아주 높은 강도의 합금이 만들어진다. 이 합금에는 보통 구리와 크롬이 첨가된다. 이 계열의 대표적인 합금은 7075(알루미늄-아연)이다.

경도 식별(Hardness Identification) 열처리 기호는 7075-T6, 7075-T4 등과 같이 합금 규격번호 뒤에 대시를 써서 분리해서 표기한다. 열처리 기호는 기본적인 열처리를 나타내는 문자(Digit)에 1개 또는 그 이상의 문자를 추가함으로써 더욱 구체적으로 명시할 수 있다.

- F 제조된 그대로의 상태
◦ 풀림처리한 상태
   H 가공경화된 상태
   H1 (plus one or more digits) 가공경화만한 상태
   H2 (plus one or more digits) 가공경화 후 부분적으로 풀림 처리한 상태
   H3 (plus one or more digits) 가공경화 및 안정경화 처리한 상태

• 마그네슘과 마그네슘 합금 (Magnesium and Magnesium Alloys)

마그네슘은 세상에서 가장 가벼운 구조금속으로 알루미늄의 2/3에 해당하는 무게를 가지며 은(silver)과 같이 흰색을 띤다.

마그네슘은 순수한 상태에서는 구조재로서의 충분한 강도를 가지지 못하지만 아연, 알루미늄, 망간 등을 첨가하여 합금으로 만들면 일반적인 금속 중 중량에 대비하여 가장 높은 강도를 가지는 합금이다.

- 용도 : 앞바퀴도어(nosewheel door), 플랩 (flap) 외피(Cover Skin), 에어론(aileron) 외피, 오일탱크(oil tank), 동체 마루바닥(Floorings), 동체부품, 날개 끝(wingtip), 엔진 나셀 (engine nacelle), 계기판, 전파안테나(radio antenna), 유압유 탱크, 산소통 케이스 (OxygenBottleCases), 덕트(Ducts), 좌석 등

• 티타늄과 티타늄 합금 (Titanium and Titanium Alloys)

티타늄은 부식이 발생하기 쉬운 펌프(pump), 스크린(Screen), 다른 공구(tool)나 설비(fixture)와 같은 품목에 사용하고 있다. 항공기 제작과 수리에서, 티타늄은 동체, 외피, 엔진 슈라우드(engine shroud), 방화벽(firewall), 세로대(longeron), 프레임(frame), 피팅 (Fitting), 공기덕트(airduct), 파스너(fastener) 등에 사용한다. 티타늄은 압축기디스크(compressor disk), 스페이서링(Spacer Ring), 압축기 블레이드(compressor blade)와 베인(vane), 관통볼트, 터빈 하우징(Turbine Housing)과 라이너(Liner), 터빈엔진(turbine engine) 의 여러가지 하드웨어(hardware)를 만드는데 사용한다.

티타늄은 탄성, 밀도, 고온강도에서 알루미늄과 스테인리스강의 중간정도에 해당한다. 티타늄은 2,730°F~3,155°F의 용융점과 낮은 열전도율, 낮은 팽창계수를 갖는다. 가볍고, 강하며, 그리고 응력부식(stress corrosion)으로 인한 균열에 저항력을 갖는다. 티타늄은 용융점이 높으며, 고온 성질은 좋지 않다. 항공기 방화벽을 티타늄으로 만들기도 한다. 티타늄은 비자성체이며 스테인리스강과 비슷한 전기저항을 갖는다. 티타늄의 기본합금은 매우 단단하다.

• **구리와 구리합금(Copper and Copper Alloy)** ★

구리는 가장 널리 분포되어 있는 금속 중의 하나이다. 구리는 붉은 갈색을 띤 금속으로서 은(Ag) 다음으로 우수한 전기전도도를 갖는다. 매우 큰 전성과 연성을 가지기 때문에, 전선을 만드는데 이상적이다. 이것은 소금물에는 부식되지만 순수한 물에는 영향을 받지 않는다. 전기계통의 안전결선(Lock-wire) 등에 주로 사용된다.

구리계열합금 중에서 최근에 개발된 가장 성공적인 하나는 베릴륨(berylliumcopper)구리이다. 이 베릴륨(beryllium copper)구리는 구리 97%, 베릴륨(Be) 2%, 그리고 연신율을 증가시키기 위해 충분한 니켈을 첨가한 합금이다. 가장 뛰어난 특징은 물리적인 성질을 열처리에 통해 향상시킬 수 있다는 것이다.

◦ 구리의 합금
  1. 베릴륨-구리 : 피로성과 내마모성은 다이아프램(Diaphragm), 정밀베어링과 부싱(Bushing), 볼케이지(Ball Cage), 스프링와셔(springwasher) 등의 제작에 적합하다.
  2. 황동 : 아연과 소량의 알루미늄, 철, 납(Pb), 망간, 니켈, 인(P), 주석을 첨가한 구리합금이다.
  3. 문즈메탈(Muntz metal) : 구리 60%와 아연 40%로 구성된 황동으로 소금물에서도 우수한 내식성을 갖는다. 소금물과 접촉되는 부품은 물론 볼트와 너트를 제작하는데도 이용한다.
  4. 청동or적색황동(red brass) : 연료나 오일 라인의 피팅(Fitting)을 제작할 때 사용한다. 이 금속은 양호한 주조성과 다듬질 성능을 가지고 있으며 손쉽게 기계 가공할 수 있다. 청동은 주석을 첨가한 구리합금이다.

• **니켈과 니켈합금(Nickel and Nickel Alloys)**

니켈합금은 모넬과 인코넬 두가지가 있다.

모넬 : 68%니켈과 29%구리, 소량의 철과 마그네슘을 첨가한다. 니켈합금은 용접이나 기계 가공이 용이하다. 니켈모넬 중 일부, 특히 소량의 알루미늄을 함유한 니켈모넬은 열처리하면 강과 비슷한 정도의 인장강도를 얻을 수 있다. 착륙장치, 고온에서 고강도와 내식성을 요구하는 배기계통, 등과 같이 고강도와 고인성을 요구하는 부품제작에 사용한다.

◦ 니켈 인코넬합금(inconel alloy)

약 80% 니켈, 14% 크롬, 소량의 철, 기타 원소로 구성된 합금으로 고온에서도 고강도를 유지한다. 니켈·인코넬합금은 초고온 상태에서도 고강도와 내식성을 유지할 수 있다는 성질 때문에 터빈엔진에 많이 사용한다. 인코넬과 스테인리스강은 외형상으로 유사하며, 같은 엔진 분야에서 자주 찾아볼 수 있다. 종종 금속 사이의 차이점을 식별해야 하는 것이 중요할 때가 있다.

• **금속가공 절차 (Metalworking Processes)**

대표적인 금속가공방법 : (1) 열간가공, (2) 냉간가공, (3) 압출 등이다.
적용되는 방법은 비록 하나의 부품을 만들기 위해 열간가공과 냉간가공 모두를 사용하게 될지라도, 금속의 종류와 요구되는 부품을 고려하여 결정한다.

◦ 열간가공(Hot-working)

대부분의 강철은 주괴(ingot)를 열간가공해서 필요한 형태로 만들고, 다시 열간가공이나 냉간가공을 거쳐 최종적인 모양을 완성한다.

◦ 프레스(pressing)

가공하고자 하는 부품이 크고 무거울 때 적합하다. 또한, 고강도 강이 필요한 경우에는 망치로 여러 차례 두드려서 가공한다. 프레스는 천천히 작동하기 때문에, 힘이 단면의 중앙까지 균일하게 작용한다. 그러므로 외부뿐만 아니라 내부까지 구조물 전체에 걸쳐 영향을 주기 때문에 최상의 결정 구조를 얻을 수 있다.

◦ 단조가공

비교적 작은 재료에 적합하다. 망치로 두드리면 힘이 순간적으로 전달되기 때문에, 그 영향은 낮은 깊이까지 밖에 미치지 않는다. 따라서 단면 전체에 걸쳐 완전하게 가공하기 위해서는 아주 무거운 망치를 사용하거나 반복적으로 타격해서 부품을 가공하는 것이 필요하다.

◦ 주조(Casting)

　금속을 융해시키고 원하는 모양의 주형(mold) 안에 녹인 쇳물을 부어서 만드는 과정이다.

◦ 압출(Extruding)

　압출 과정은 형틀에 있는 구멍을 통해 금속을 밀어 넣고, 형틀 구멍의 모양과 같은 단면모양을 갖는 긴 제품을 만드는 과정이다.

　- 장점 : 작업자가 가하는 힘의 크기와 온도 등을 모두 조절할 수 있다는 것.

◦ 열처리

　금속의 가열이나 냉각속도를 변화시키면 조직의 변화로 인하여 기계적 성질이 별하는데, 필요한 성질을 얻기 위하여 인위적으로 온도를 조작하는 작업을 열처리라고 한다.

◦ 알루미늄합금의 열처리

　(1) 고용체화처리(열처리)와 인공시효처리(경화처리)과정

　(2) 경화(softening) = 풀림처리

• 금속의 내부조직 (Internal Structure of Metals)

열처리에 의해 얻어진 결과는 금속이 가열되고 냉각될 때 금속 조직과 조직이 변화되는 형태에 따라 좌우된다.

합금(alloy)은 고용체(solid solution), 기계적인 혼합(mixture), 또는 이들의 조합으로 존재하게 된다.

◦ 공정 : 두가지 금속 성분이 기계적으로 혼합된 조직을 가진 합금

◦ 고용체 : 각 성분 금속을 기계적인 방법으로 구분할 수 없는 조직을 가진 합금

◦ 화합물 : 친화력이 큰 금속이 화학적으로 결합하여 독립된 화합물 생성하는 것.

◦ 공석 : 고온에서 균일한 고용체로 된 것이 고체 내부에서 공정조직으로 분리.

- 균열처리(Soaking) : 노의 온도는 강의 내부조직을 재배열시키기 때문에 균열처리 (soaking)기간 동안 온도가 일정하게 유지되어야 한다.
- 냉각(Cooling) : 임계온도 이하로의 냉각 속도는 강의 상태를 결정한다. 강을 경화시킬 때 사용한다.
- 담금질 처리(Quenching Media) : 담금질용액은 오직 강을 냉각시키는 작용을 하며, 담금질한 강에 어떤 화학작용을 일으키지는 않는다.
- 뜨임(tempering) : 경화로 인해 발생하는 취성을 감소시키고 강 내부에 일정한 물리적 성질을 부여하기 위한 처리과정이다. 뜨임처리는 항상 경화 후에 실시한다. 뜨임은 취성을 감소시키는 것 이외에도 강을 연하게 한다.
- 풀림(annealing) : 내부응력이나 잔류변형을 제거하고 미세한 입자구조, 연화, 연성 금속으로 만들어준다. 풀림 상태일 때, 강은 가장 낮은 강도를 갖는다. 일반적으로 풀림처리는 경화와는 반대이다. 강의 풀림처리는 금속을 상임계점 바로 위까지 가열하고, 그 온도에서 균열처리한 후, 노안에서 아주 서서히 냉각시킴으로써 이루어진다.
- 불림(normalizing) : 강의 불림은 열처리, 용접, 주조, 성형, 또는 기계로 가공 등에 의해 발생한 내부응력을 제거하기 위한 처리과정이다. 만약 이 응력을 제거하지 않는다면 강은 손상될 것이다. 항공기에는 좋은 물리적 성질 때문에, 불림처리 상태의 강을 자주 사용하지만, 풀림처리 상태의 강은 거의 사용하지 않는다.
- 표면 경화(Casehardening) : 단단한 내마모성 표면과 강인한 코어(core)로 된 케이스(Case)를 만들기 위한 열처리이다.

- 표면경화의 일반적인 방법
    (1) 침탄법(Carburizing) : 저탄소강 표면에 탄소를 침투시켜서 표면을 경화시키는 방법이다. 침탄처리한 강을 열처리하면 표면은 단단해지지만 심층은 유연하면서도 강인한 상태로 남아있게 된다.
        - 침탄법의 종류 : 고체침탄법, 가스침탄법, 액체침탄법
    (2) 질화법(Nitriding) : 질화되기 전에, 일정한 물리적 성질을 얻어내기 위해 열처리한다는 점에서 다른 표면경화법과 다르다. 즉, 부품은 질화되기 전에 경화되고 뜨임처리된다. 대부분의 강은 질화될 수 있지만, 특수 합금일 때 더 좋은 결과가 나타난다.

질화법은 비교적 낮은 온도에서 표면경화가 이루어지기 때문에, 그리고 암모니아가스에 노출시킨 후 담금질처리가 필요치 않기 때문에 변형을 최소화 시킬 수 있다.

• 비철금속 열처리 (Heat-treatment of Nonferrous Metals)

알루미늄 합금(Aluminum Alloys) : 1100은 매우 연한 순수 알루미늄으로 내식성이 크며, 복잡한 모양이라도 쉽게 성형할 수 있다. 그러나 순수 알루미늄은 비교적 강도가 낮기 때문에, 항공기구조용 부품의 제작에 사용하기는 어렵다. 일반적으로 고강도 재료는 합금처리해서 만들며, 이렇게 만든 합금은 성형하기 어렵고, 약간의 예외는 있으나, 1100 알루미늄보다 내식성이 떨어진다.

- 비철금속 열처리 기호

W	용체화처리(Solution heat treated), 불안정한 열처리(unstable temper)
T	F, O, 또는 H보다 안정화처리한 것
T2	풀림처리한 것(단 주조품)
T3	용체화처리 후 냉간가공한 것
T4	용체화처리한 것
T5	인공시효 처리(Artificially aged)한 것
T6	용체화처리 후 인공시효처리한 것
T7	용체화처리 후 안정화처리한 것
T8	용체화처리 후 냉간가공하고 인공시효처리한 것
T9	용체화처리 후 인공시효처리하고 냉간가공한 것
T10	인공시효처리 후 냉간가공한 것

- **알크래드 알루미늄(Alclad Aluminum) ★**

  알크래드(Alclad) 또는 순수 크래드(Pureclad)란 용어는 코어(Core) 알루미늄합금판재 양쪽에 약 5.5% 정도 두께로 순수한 알루미늄 피복을 입힌 판재를 가리키는 말이다.

- **항공기 비금속 재료 (Nonmetallic Aircraft Materials)**
  - 목재(Wood) 초기의 항공기는 목재와 천으로 조립되었다. 오늘날 복원되는 항공기와 일부 자작 항공기를 제외하고, 목재는 항공기 구조물로 사용하지 않는다.
  - 플라스틱(Plastics)은 현대항공기의 많은 곳에 사용된다. 사용범위는 유리섬유(fiber glass)로 보강된 열경화성 플라스틱 구조부분품에서부터 창문 등과 같은 열가소성 플라스틱 내장용 재료에 이르기까지 다양하게 사용되고 있다.
  - 투명 플라스틱(Transparent Plastics)은 항공기의 조종실 캐노피(Canopy), 윈드쉴드(Windshield), 창문, 기타 투명한 곳에는 투명플라스틱 재료가 사용된다.

- **복합재료(Composite Materials)**

  복합재료는 서로 다른 재료나 물질을 인위적으로 혼합한 혼합물로 정의한다. 복합재료는 일반적으로 보강재(reinforcement)와 모재(matrix)로 구성된다. 보강재는 모재에 의해 접합되거나 둘러싸여 있으며, 섬유(fiber), 휘스커(whisker) 또는 미립자(particle)로 만들어진다. 모재는 액체인 수지(resin)가 일반적이며, 보강재를 접착하고 보호하는 역할을 담당한다.

- 복합재료의 장/단점 (Advantage/Disadvantages of Composites) -

1. 장점
   가) 중량당 강도비가 높다.
   나) 섬유간의 응력 전달은 화학결합에 의해 이루어진다.
   다) 강성과 밀도비가 강 또는 알루미늄의 3.5 ~ 5배이다.
   라) 금속보다 수명이 길다.
   마) 내식성이 매우 크다.
   바) 인장강도는 강 또는 알루미늄의 4 ~ 6배이다.
   사) 복잡한 형태나 공기역학적 곡률 형태의 제작이 가능하다.
   아) 결합용 부품(Joint)이나 파스너(fastener)를 사용하지 않아도 되므로 제작이 쉽고 구조가 단순해진다.
   자) 손쉽게 수리할 수 있다.

2. 복합재료의 단점
   가) 박리(Delamination, 들뜸 현상)에 대한 탐지와 검사가 어렵다.
   나) 새로운 제작 방법에 대한 축적된 설계 자료 (designdatabase)가 부족하다.
   다) 비용(cost)이 비싸다.
   라) 공정 설비 구축에 많은 예산이 든다.
   마) 제작방법의 표준화된 시스템이 부족하다.
   바) 재료, 과정 및 기술이 다양하다.
   사) 수리 지식과 경험에 대한 정보가 부족하다.
   아) 생산품이 종종 독성(toxic)과 위험성을 가지기도 한다.
   자) 제작과 수리에 대한 표준화된 방법이 부족하다.

- **강화재**
  - 유리섬유 : 내열성과 내화학성이 우수, 값이 저렴하여 강화 섬유로 가장 많이 사용되고 있음.
  - 탄소섬유 : 열팽창계수가 작기 때문에 사용온도의 변동이 있더라도 치수 안정성이 우수하다. 정밀성이 필요한 항공 우주용 구조물에 사용되고 있음.
  - 보론섬유 : 양호한 압축강도, 인성 및 높은 경도를 가지고 있음. 작업할때 위험성이 있고 값이 비싸기 때문에 일부 전투기에만 사용되고 있음.
  - 아라미드섬유 : 높은 인장강도와 유연성을 지니고 있고, 비중이 작기 때문에 높은 응력과 진동을 받는 항공기의 부품에 가장 좋다.
  - 세라믹섬유 : 높은 온도의 적용이 요구되는 곳에 사용.

- **섬유강화 재료(Fiber Reinforced Materials)**

  강화플라스틱(reinforced plastic)에서 강화재의 역할은 최상의 강도를 마련해주는 것이다. 섬유강화재의 세 가지 주요 형태는 미립자(particle), 휘스커(whisker), 그리고 섬유(fiber)이다.

  - 박판 구조(Laminated Structures)

    복합재료를 만들 때는 재료의 중심 코어가 있을 수도 있고 없을 수도 있다. 중심 코어가 있는 박판 구조(laminated structure)를 샌드위치구조(sandwich structure)라고 부른다. 박판 구조는 강하고 딱딱하지만 무겁다. 샌드위치 구조는 같은 강도라도 무게는 훨씬 가볍다.

  - 강화 플라스틱(Reinforced Plastic)

    강화 플라스틱은 레이돔(Radome), 안테나 덮개(Antenna Cover), 날개 끝(wing tip) 등의 제작, 전기 장치와 연료 셀(fuel cell), 다양한 부분품에 대한 절연물(insulation)로 사용되는 열경화성 재료이다. 우수한 절연 특성을 갖고 있어 레이돔을 만드는데 이상적이며, 또한 강도대 무게비가 크고, 곰팡이, 녹, 부식에 대한 저항력과 제작의 용이성 때문에 항공기의 다른 부분에도 널리 사용한다.

• 고무(Rubber)

고무는 먼지나 습기 혹은 공기가 들어오는 것을 방지하고 액체, 가스 혹은 공기의 손실을 방지할 목적으로 사용된다. 또한, 진동을 흡수하고, 잡음을 감소시키며 충격 하중을 감소시키는데도 사용된다.

- 천연고무(Natural Rubber) 천연고무는 합성고무 또는 실리콘고무보다 더 좋은 가공성과 물리적 성질을 갖는다. 이들 성질은 신축성, 탄성, 인장강도, 전단강도, 유연성으로 인한 저온 가공성 등을 포함한다.
- 합성고무(Synthetic Rubber) 합성고무는 여러 종류로 만들어지고 있으며, 각각 요구되는 성질을 부여하기 위하여 여러가지 재료를 합성해서 만든다. 가장 널리 사용되는 것으로는 부틸(Butyl), 부나(Buna), 네오프렌(neoprene) 등이 있다. 부틸(Butyl)은 가스 침투에 높은 저항력을 갖는 탄화수소 고무이다.

- 부틸(Butyl) : 가스 침투에 높은 저항력을 갖는 탄화수소 고무이다.
- 부나(Buna)-S : 천연고무와 같이 방수 특성을 가지며, 어느정도 우수한 시효특성을 가지고 있다. 열에 대한 저항성은 강하나 유연성은 부족하다.
- 네오프렌(neoprene, 합성고무의 일종) : 천연고무보다 더 거칠게 취급할 수 있고 더 우수한 저온 특성을 가지고 있다. 또한, 오존, 햇빛, 시효에 대한 특별한 저항성을 가지고 있다.

• 완충 코드(Shock Absorber Cord)

완충 코드(shock absorber cord)는 천연고무 가닥을 산화와 마모에 잘 견디도록 처리한 무명실로 짠 외피를 씌워서 만든다. 고무줄 다발을 원래 길이의 약 3배 정도 늘리고, 이 고무줄에 무명실로 짠 외피를 직조해 넣으면, 큰 장력과 신장을 얻을 수 있다.

- 탄성식(elastic) 완충
  제1형 직선코드(straight cord)
  제2형은 "번지(Bungee)"라고 알려진 연결고리형태이다. 쉽고 신속하게 교환할 수 있으며, 신장이나 꼬임에 대한 안정성이 크다.

항공기 재료 및 요소 연습문제 》

1. 탄소강의 분류 중 옳지 않은 것은?
   ① 저탄소강 : 탄소가 0.10~0.30% 함유된 강
   ② 중탄소강 : 탄소가 0.30~0.50% 함유된 강
   ③ 고탄소강 : 탄소가 0.50~1.05% 함유된 강
   ④ 대탄소강 : 탄소가 1.05~1.50% 함유된 강

2. 강 합금의 종류로 옳지 않은 것은?
   ① 니켈강
   ② 스테인리스강
   ③ 크롬강
   ④ 몰리브덴강

3. 알루미늄 합금에 대한 설명으로 옳은 것은?
   ① 주 합금성분으로는 망간, 크롬, 마그네슘, 규소 등이 있다
   ② 부식환경에 약하다
   ③ 오늘날 항공기 제작에 가장 널리 사용된다
   ④ 중량에 대한 강도비가 높고 제작이 용이하다

정답 : ④ ③ ②

4. 알루미늄 규격에 대한 설명으로 옳지 않은 것은?
   ① 첫번째 자리는 합금의 개량여부이다.
   ② 두번째 자리의 수가 0이면 개량하지 않았다 라는 말이다.
   ③ 끝의 두자리는 금속의 순도가 99% 초과한 정도를 말한다.
   ④ 첫번째 자리가 9로 시작하는 알루미늄은 현재 사용되지 않는다.

5. 알크래드 알루미늄에 대한 설명 중 옳은 것은?
   ① 코어알루미늄 합금팬재 양쪽에 약 5.5% 정도 두께로 순수한 알루미늄 피복을 입힌 판재를 말한다.
   ② 내열성과 내화학성이 우수하다.
   ③ 값이 저렴하여 강화섬유로 가장 많이 사용되고 있다.
   ④ 높은 온도의 적용이 요구되는 곳에 사용된다.

6. 복합재료의 장점으로 틀린 것은?
   ① 중량당 강도비가 높다
   ② 금속보다 수명이 길다
   ③ 내식성이 매우 크다
   ④ 수리할 필요가 없다

7. 합성고무 구성으로 옳지 않은 것은?
   ① 부틸
   ② 부나
   ③ 부탄
   ④ 네오프렌

정답 : ① ① ④ ③

8. 강화재의 종류 중 설명이 틀린 것은?

　① 유리섬유 : 내열성과 내화학성이 우수, 값이 저렴하여 강화 섬유로 가장 많이 사용되고 있음.

　② 탄소섬유 : 열팽창계수가 작기 때문에 사용온도의 변동이 있더라도 치수 안정성이 우수하다. 정밀성이 필요한 항공 우주용 구조물에 사용되고 있음.

　③ 보롬섬유 : 양호한 압축강도, 인성 및 높은 경도를 가지고 있음. 작업할때 위험성이 있고 값이 비싸기 때문에 일부 전투기에만 사용되고 있음.

　④ 세라믹섬유 : 높은 인장강도와 유연성을 지니고 있고, 비중이 작기 때문에 높은 응력과 진동을 받는 항공기의 부품에 가장 좋다.

9. 복합재료의 설명으로 틀린 것은?

　① 서로 다른 재료나 물질을 인위적으로 혼합한 혼합물로 정의
　② 일반적으로 보강재와 모재로 구성
　③ 보강재를 분리시키고 보호하는 역할을 담당
　④ 보강재는 모재에 의해 접합되거나 둘러싸여 있으며 섬유, 휘스커 또는 미립자로 만들어진다.

10. 대표적인 금속 가공방법 중 틀린 것은?

　① 열간가공
　② 냉간가공
　③ 압출
　④ 냉동

정답 : ④ ③ ④

항공기 하드웨어(Aircraft Hardware)

• 개요(Identification)

항공기 하드웨어의 대부분은 그것의 규격번호나 상품명에 의해서 식별한다. 나사식 파스너(threaded fastener)와 리벳은 보통 AN규격, NAS규격, 또는 MS규격번호에 의해서 식별한다. 신속분리 파스너 (quick-release fastener)는 보통 제조회사의 상품명과 지정 크기기에 따라 식별한다.

• 나사식 체결부품(Threaded Fasteners)

여러 종류의 나사식 체결부품들이 항공기 부품을 빈번하고 신속하게 분해, 조립, 교환이 가능하도록 해준다. 일반적으로, 볼트는 큰 강도가 요구되는 곳에 사용하고, 스크루는 강도가 그다지 중요시 취급되지 않는 곳에 사용한다.

• 나사의 구분(Classification of Thread)

항공기용 볼트, 스크루, 너트 등은 NC(American National Coarse)나사계열, NF(American National Fine) 나사계열, UNC(American Standard Unified Coarse) 나사계열, 또는 UNF(American Standard Unified Fine) 나사계열 등으로 나사산을 만든다.

• 항공기용 볼트(Aircraft Bolts)

항공기용 볼트는 카드뮴도금(cadmium-plated)이나 아연도금(zinc-plated) 처리한 내식강, 도금하지 않은 내식강, 또는 양극산화(anodized) 처리한 알루미늄합금 등으로 제작한다.
AN 볼트는 세 가지 머리모양을 가지는데 육각머리볼트, 클레비스볼트(clevis bolt), 그리고 아이볼트(eye bolt) 등이다.
NAS 볼트는 육각머리, 내부렌치볼트, 접시머리 모양(countersunkhead style) 등이 있다.
MS볼트는 육각머리와 내부렌치볼트로 되어 있다.

1. 일반목적용 볼트(General-purposeBolts)

    항공용 육각머리볼트(AN-3에서 AN-20까지)는 다목적 구조용 볼트로서 인장하중 또는 전단하중이 작용하는 일반적인곳에 사용하며, 약간 느슨한 끼워 맞춤(5/8인치 구멍일 때 0.006인치이고 그 이상에서는 이에 비례해서 유격을 허용함)으로 결합된다.

2. 정밀공차볼트(Close-toleranceBolts) 이 종류의 볼트는 일반용 볼트보다 더 정밀하게 가공된다. 정밀공차볼트는 육각머리(AN-173에서 AN186까지), 또는 100° 접시머리(NAS-80에서 NAS-86 까지)로 되어 있다.

3. 내부 렌치 볼트(Internal-wrenchingBolts) 이 볼트(MS-20004에서 MS-20024까지, 또는 NAS-495)는 고강도강으로 만들며, 인장하중과 전단하중 모두가 작용하는 곳에 적합하다.

• 볼트의 식별과 기호 (Identification and Coding)

볼트는 여러 가지 모양과 다양한 방법으로 제작하고 그 종류도 다양해서 명확하게 분류하는 것은 쉽지 않다. 일반적으로 볼트는 머리 모양, 안전고정 방법, 재질, 용도 등에 따라 분류한다. AN-형식의 항공기용 볼트는 볼트머리에 있는 식별 기호로 구별할 수 있다.

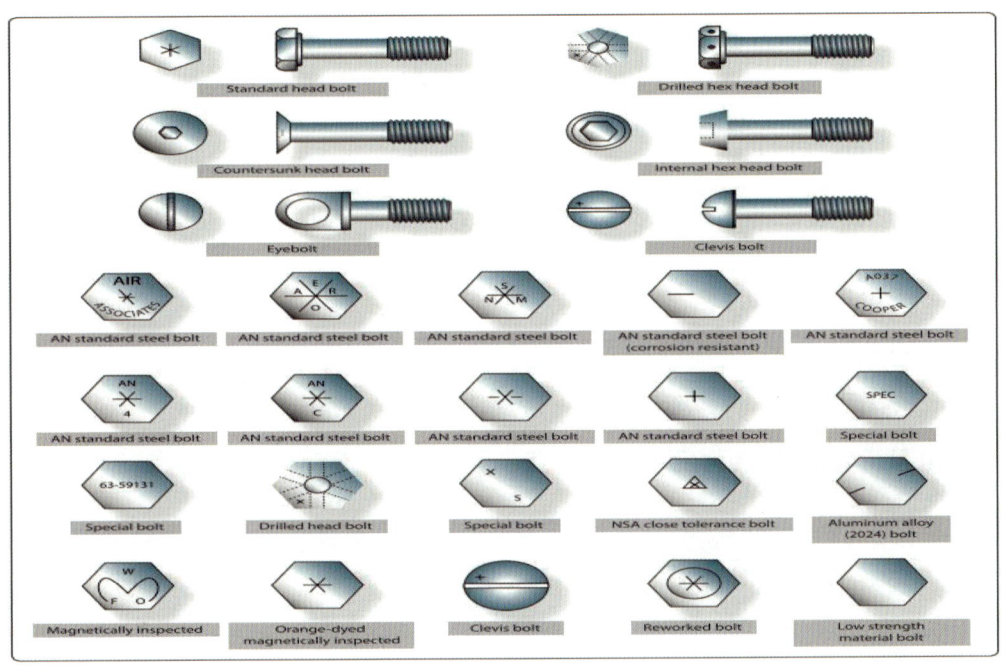

그림27. 항공기 볼트의 식별

• 특수목적 볼트(Special-purpose Bolts)

특별한 목적을 위해 설계된 특수목적용 볼트는 특수볼트로 분류하며, 종류로는 클레비스볼트(clevis bolt), 아이볼트(Eye-bolt), 조-볼트(jo-bolt), 고정 볼트(lockbolt) 등이 있다.

1. 클레비스볼트(ClevisBolt)

클레비스볼트의 머리는 둥글고 일반적인 스크루드라이버(screwdriver)또는 십자 스크루드라이버를 사용해서 풀거나 잠글 수 있도록 홈이 파져 있다. 인장하중은 작용하지 않고 오직 전단하중만이 작용하는 곳에 사용된다.

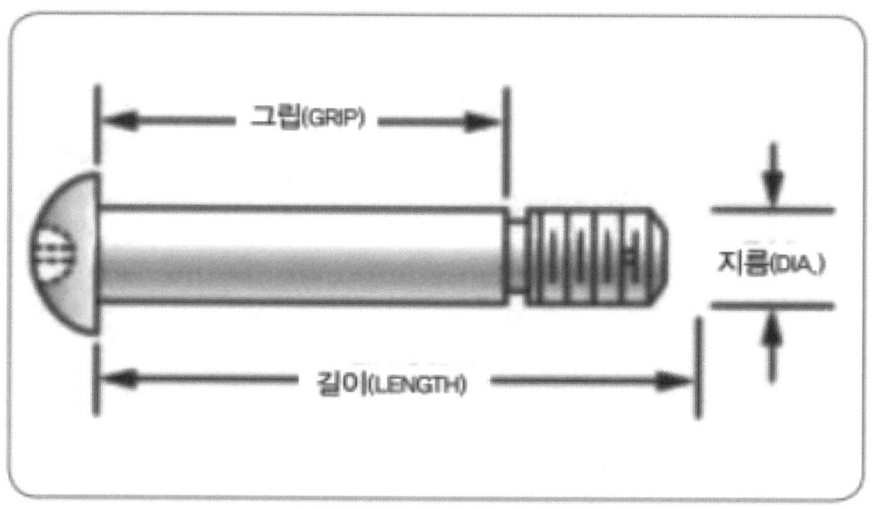

그림28. 클레비스 볼트

〈 Code Number AN24-14A 〉

2 = clevis bolt

4 = 4/16 inch diameter

14 = 14/16 inch long

A = shank not drilled for cotter Pin

2. 아이볼트(EyeBolt)

이 종류의 특수 볼트는 외부에서 인장하중이 작용하는 곳에 사용된다. 아이볼트의 머리에는 고리가 있어서 턴버클(Turnbuckle)의 클레비스(clevis), 케이블 샤클(shackle)과 같은 장치를 부착할 수 있도록 설계되었다.

3. 조-볼트(Jo-bolt)

조-볼트(jo-bolt)는 내부에 나사산이 있으며, 세 부분으로 구성된 리벳(rivet)의 일종이다. 조-볼트는 나사산을 낸 합금강볼트, 나사가 있는 강철너트, 그리고 확장되는 스테인리스강 슬리브(stainless steel sleeve) 세 부분으로 구성된다.

가) 200 계열(Series) : 약 3/16 인치 지름
나) 260 계열 : 약 1/4 인치 지름
다) 312 계열 : 약 5/16 인치 지름
라) 375 계열 : 약 $\frac{3}{8}$ 인치 지름

조-볼트의 머리모양은 F(flush), P(hex-head), 그리고 FA(flushmillable) 등 3가지로 분류한다.

4. 고정 볼트(Lock-bolts)

고정볼트는 2개의 부품을 영구적으로 체결할 때 사용하며, 경량이고 표준 볼트에 준하는 강도를 가진다.

고정볼트는 일반적으로 날개 연결부(Wing-splice Fitting), 착륙장치(landing gear) 연결부, 연료 탱크(Fuel-cell), 동체의 세로대(longeron), 빔(Beam), 외피(Skin), 기타 주구조부의 접합에 사용된다. 고정 볼트는 보통 풀(Pull)형, 스텀프(Stump)형, 블라인드(Blind)형으로 세 가지 종류가 사용된다.

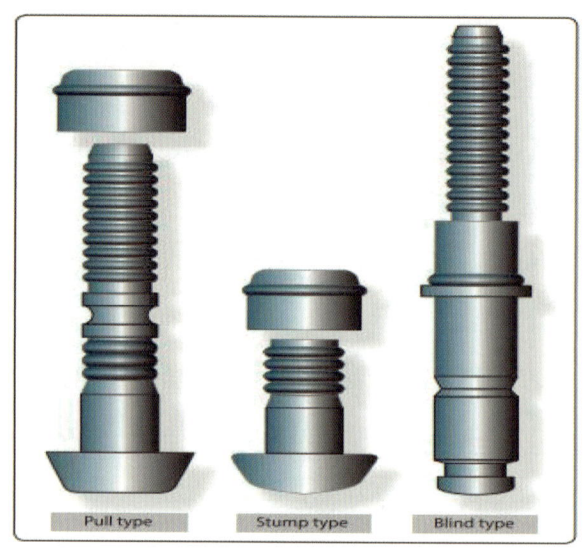

- 풀형(Pull-type)

  풀(Pull)형 고정볼트는 항공기의 1차 구조부재(primary structure)와 2차 구조부재 (sec-ondstructure)에 주로 사용한다. 매우 신속하게 장착할 수 있고 동등한 AN 강철볼트-너트 무게의 약 50%정도밖에 안된다. 이 종류의 고정 볼트는 특수한 공기압 "풀건 (Pull Gun)"을 이용하여 장착한다. 장착과정에서 압착할 필요가 없기 때문에 혼자서도 완성할 수 있다.

- 스텀프형(Stump-type)

  스텀프형 고정볼트는 비록 잡아당기기 위해 홈이 파인 연장스템(stem)은 없지만, 풀형 고정 볼트에 짝을 이루는 체결부품이다. 이 종류는 풀형 고정볼트를 장착할 만큼의 여유공간이 없는 곳에 사용한다. 핀 고정을 위한 홈 안으로 칼라(Collar)를 압착시키기 위한 장착작업을 위해 표준공기압 리벳 해머(Standardneumatic Riveting Hammer)와 버클링 바 세트(Buckling BarSet)가 필요하다.

- 블라인드형(Blind-type)

  블라인드(Blind)형 고정볼트는 완제품 또는 완전 조립품으로 생산된다. 이것은 독특한 강도를 가지고 있으며, 결합하고자 하는 판을 밀착시키는 특성을 가지고 있다. 블라인드형 고정볼트는 일반적으로 작업공간이 한쪽에서만 접근이 가능하기 때문에 전통적인 리벳작업을 할 수 없는 곳에 사용한다. 이 종류의 고정 볼트는 풀(Pull)형 고정 볼트와 같은 방법으로 장착한다.

1. 공통특징(Common Features)

    3가지 종류의 고정볼트의 공통적인 특징은 핀에 원주방향으로 고정 홈이 나있고 인장 또는 압축 하중을 가하여 고정 홈 안으로 고정 칼라(Collar)를 압착시켜서 핀을 고정시킨다는 점이다. 풀형과 블라인드(Blind)형 고정 볼트의 핀은 풀 공구를 장착할 수 있도록 길게 연장되어 있다. 연장된 핀 부분은 체결작업이 마무리되면 잡아당기는 인장력에 의해 절단되면서 분리된다.

2. 구성(Composition)

    풀(Pull)형과 스텀프(Stump)형 고정 볼트의 핀은 열처리된 합금강 또는 고강도 알루미늄 합금으로 되어 있다. 함께 사용되는 칼라는 알루미늄합금 또는 연강으로 만든다. 블라인드(Blind)형 고정 볼트는 열처리된 합금강 핀, 블라인드 슬리브(Blind Sleeve)와 필러 슬리브(FillerSleev), 연강 칼라, 그리고 탄소강와셔로 구성된다.

3. 대체(Substitution)

    합금강 고정볼트는 강철 고전단 리벳, 강철 솔리드생크리벳(solidshankrivet), 또는 같은 지름과 머리모양의 AN 볼트로 교체하여 사용할 수 있다. 알루미늄합금 고정 볼트는 같은 지름과 머리모양의 솔리드생크알루미늄합금 리벳으로 교체하여 사용할 수 있다. 강과 알루미늄합금 고정볼트는 또한 각각 같은 지름의 강과 2024T 알루미늄합금볼트로 교체하여 사용할 수 있다. 블라인드(Blind)형 고정볼트는 솔리드 생크 알루미늄합금 리벳, 스테인리스강 리벳(stain-lesssteel rivet), 또는 같은 지름의 모든 블라인드리벳 (blindrivet)을 교체하여 사용할 수 있다.

4. 그립길이(Grip Range)

    체결을 위해 요구되는 볼트 그립 범위(Grip Range)를 결정하기 위해, 먼저 구멍에 삽입하여 깊이를 측정하는 자(Scale)를 이용하여 체결하고자 하는 부품의 두께를 측정한다. 측정한 수를 기준으로 리벳제조사에서 제시한 도표를 참조하여 정확한 그립 범위를 선택한다.

• 항공기용 너트(Aircraft Nuts)

항공기용 너트의 모양과 크기는 다양하다. 너트는 카드뮴 도금 탄소강, 스테인리스강, 또는 양극산화 처리한 2024T 알루미늄합금 등으로 만들며, 왼 나사산 또는 오른 나사산으로 만들어진다.

일반적으로 항공기용 너트는 두 가지 그룹으로 분류할 수 있는데, 비자동고정너트 (non-self-locking nut)와 자동 고정 너트(self-locking nut)이다. 비자동 고정 너트는 코터 핀, 안전결선, 또 다른 고정 너트와 같은 별도의 안전장치를 이용해서 풀림방지를 해야 한다. 자동고정너트는 중요한 부분을 고정시키는 기능을 가지고 있다.

1. 비자동 고정 너트(Nonself-lockingNuts)

평 너트(Plain Nut), 캐슬 너트(Castle Nut), 전단 캐슬 너트(CastellatedShear Nut), 평 육각 너트, 얇은 육각 너트(Light HexNut), 체크 너트(Check Nut) 등은 대표적인 비자동 고정너트이다.

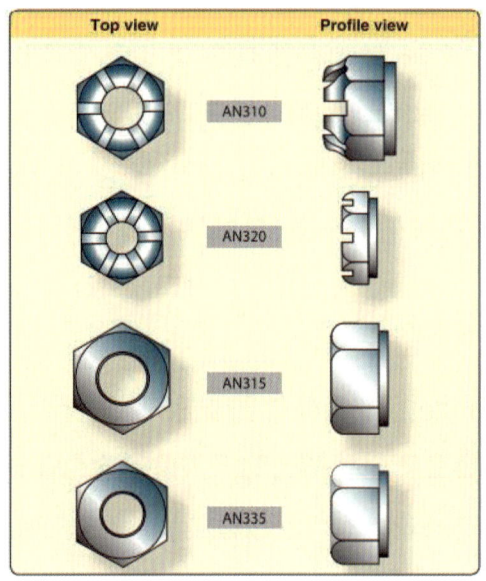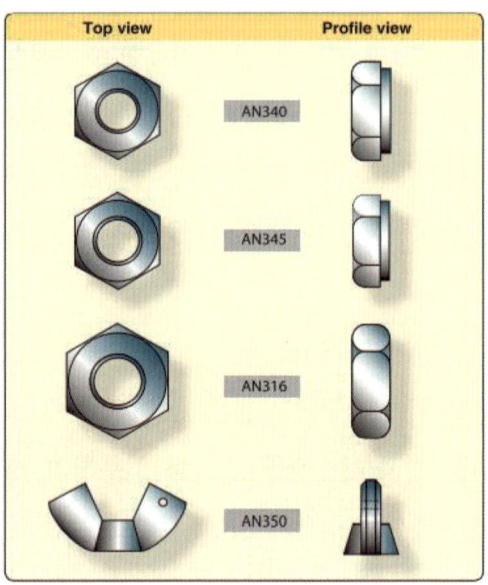

그림29. 비자동 고정 너트

2. 자동 고정 너트(Self-locking Nut)

풀림방지를 위한 보조방법이 필요 없고, 구조적으로 고정역할을 하는 부분이 포함되어 있다. 많은 종류의 자동고정너트가 개발되었고 그 용도도 아주 널리 보급되었다.

- 마찰 방지 베어링(antifriction bearing)과 조종 풀리(control Pulley)의 장착
- 보기품(accessory)의 장착, 점검구멍 주변의 앵커너트(Anchor Nut) 및 소형 탱크(tank)의 장착 구멍
- 로커 박스 덮개(Rocker Box Cover)와 배기관(Exhaust Stack)의 장착 등

자동고정너트는 격심한 진동상태에서 흔들려 볼트가 느슨하게 풀리지 않도록 단단히 고정하기 위해 항공기에 사용한다.

순금속형(all-metal Type)을 대표하는 부츠(Boots) 자동 고정너트와 스테인리스강 자동고정너트, 그리고 화이버형(Fiber-insert Type)을 대표하는 탄성 스톱너트(stopNut)이다.

◦ 부츠자동고정너트(Boots Self-locking Nut)

부츠 자동고정너트는 전체가 금속으로 만들어지며, 격심한 진동에도 불구하고 단단히 고정시킬 수 있도록 설계하였다. 고정용 너트 부분과 하중담당 너트 부분으로 구성되어 있지만, 본질적으로는 2개의 너트가 하나로 결합된 형태이다.

◦ 스테인리스강 자동고정너트(Stainless Steel Selflocking Nut)

스테인리스강 자동고정너트는 손으로 돌려서 조이거나 풀 수 있으며, 고정력은 너트가 단단한 표면에 안착하면서부터 발생한다.

◦ 탄성고정너트(Elastic Stop Nut)

탄성 고정너트는 화이버 고정(Fiber-locking) 칼라(Collar)를 수용할 수 있도록 높이를 증가시킨 표준너트이다. 이 화이버 칼라는 아주 단단하고 내구성이 있으며, 온수나 냉수 또는 에테르기(ether), 사염화탄소(carbon tetrachloride), 오일, 그리고 항공유와 같은 일반적인 용제(solvent)에는 영향을 받지 않으며, 볼트의 나사산이나 도금(plating)을 손상시키지 않는다.

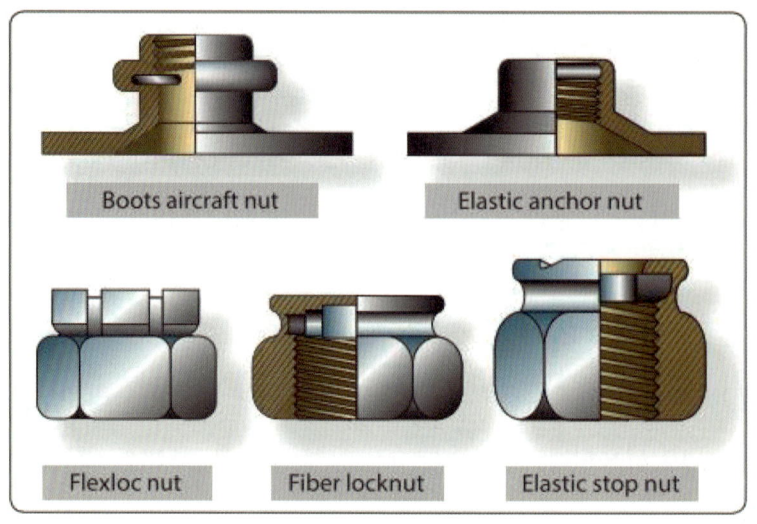

그림30. 자동 고정 너트

• 항공기용 와셔(Aircraft Washers)

항공기 기체수리에 사용되는 와셔는 평 와셔, 고정와셔, 특수와셔 등이다.

1. 평 와셔(PlainWasher)

    코터핀(cotterpin)을 위한 구멍이 뚫린 볼트에 캐슬너트(castellatednut)의 정확한 위치를 조정하기 위해 사용하기도 한다. 평 와셔는 부품 표면의 손상을 방지하기 위해 고정와셔 아래에 사용한다. 알루미늄과 알루미늄합금 와셔는 이질금속에 의한 부식을 방지하기 위해 알루미늄합금 또는 마그네슘합금으로 된 구조물에 체결되는 볼트 또는 너트의 아래에 사용한다.

2. 고정 와셔(Lock-washers)

    자동고정너트 또는 캐슬형 너트가 적합하지 않은 곳에 기계용 스크루(machine screw)나 작은 볼트와 함께 사용된다.

    * 고정와셔는 다음과 같은 상태에서는 사용하지 말아야 한다.

    가) 1차구조물 또는 2차구조물에 체결부품과 함께 사용될 때

    나) 파손되었을 때 항공기 또는 인명 피해나 위험을 초래하게되는 부품에 체결부품과 함께 사용될 때

    다) 파손되었을 때 공기흐름에 접합부분이 노출될 수 있는 곳

라) 스크루를 자주 장탈/장착하는 곳

마) 와셔가 공기흐름에 노출되는 곳

바) 와셔에 부식이 발생할 수 있는 환경인 곳

사) 표면을 손상시키지 않기 위해 평와셔를 고정와셔 아래에 사용하지 않고 연질의 부품과 바로 와셔를 끼워야 하는 곳

3. 특수 와셔(SpecialWashers)

볼 소켓(BallSocket)과 시트(Seat) 와셔 AC950과 AC955는 볼트가 표면에 비스듬히 장착되는 곳에 또는 표면에 완전히 일치하게 체결해야 하는 곳에 사용하는 특수와셔이다.

• 항공기용 리벳(Aircraft Rivets)

항공기 외피를 접합하는 데 사용될 뿐만 아니라, 스파 부분(Spar Section)을 접합시키고, 리브(Rib)를 고정하며, 항공기의 여러 부품들을 단단하게 고정하기 위한 피팅을 결합하기 위하여, 그리고 수없이 많은 보강용 부재와 다른 부품을 서로 고정시키는데 사용한다.

항공기에 사용되는 리벳은 두 가지 형식으로 나뉘는데, 버킹바(Bucking Bar)를 사용하여 성형하는 일반적인 솔리드생크리벳(solid-shank rivet)과 버킹바를 사용할 수 없는 곳에서 체결작업하기 위한 특수리벳, 즉 블라인드리벳(blindrivet)이 있다.

• 솔리드 생크 리벳(Solid-shank Rivets)

일반적인 수리작업에 사용된다. 종류, 머리모양, 생크의 지름, 열처리 상태 등에 의하여 구분된다.

- 유니버설 헤드(universal head) : 기체의 내,외부의 구조에 사용
- 둥근머리(roundhead) : 두꺼운 판재나 강도를 필요로 하는 내부 구조물을 연결해 사용
- 납작머리(flathead) : 내부구조 결합에 사용
- 접시형머리(countersunk head) : 고속기 외피로 사용
- 브레지어 헤드(brazier head) : 흐름에 노출되는 얇은 판재를 연결하는데 사용

Material	Head Marking	AN Material Code	AN425 78° Counter- sunk Head	AN426 100° Counter- sunk Head MS20426*	AN427 100° Counter- sunk Head MS20427*	AN430 Round Head MS20470*	AN435 Round Head MS20613* MS20615*	AN441 Flat Head	AN442 Flat Head MS20470*	AN455 Brazier Head MS20470*	AN456 Brazier Head MS20470*	AN470 Universal Head MS20470*	Heat Treat Before Use	Shear Strength psi	Bearing Strength psi
1100	Plain	A	X	X		X			X	X	X	X	No	10,000	25,000
2117T	Recessed Dot	AD	X	X		X			X	X	X	X	No	30,000	100,000
2017T	Raised Dot	D	X	X		X			X	X	X	X	Yes	34,000	113,000
2017T-HD	Raised Dot	D	X	X		X			X	X	X	X	No	38,000	126,000
2024T	Raised Double Dash	DD	X	X		X			X	X	X	X	Yes	41,000	136,000
5056T	Raised Cross	B		X		X			X	X	X	X	No	27,000	90,000
7075-T73	Three Raised Dashes		X	X		X			X	X	X	X	No		
Carbon Steel	Recessed Triangle				X		X MS20613*	X					No	35,000	90,000
Corrosion Resistant Steel	Recessed Dash	F			X		X MS20613*						No	65,000	90,000
Copper	Plain	C			X			X					No	23,000	
Monel	Plain	M			X			X					No	49,000	
Monel (Nickel- Copper Alloy)	Recessed Double Dots	C					X MS20615*						No	49,000	
Brass	Plain						X MS20615*						No		
Titanium	Recessed Large and Small Dot			MS20426									No	95,000	

* New specifications are for design purposes.

그림31. 리벳 식별 차트

1. 1100 리벳(Rivet) : 순 알루미늄으로 비구조부분의 리벳작업에 사용한다.

2. 2117-T 리벳 현장리벳(fieldrivet) : 알루미늄합금 구조물의 리벳작업에 가장 많이 사용된다. 이 리벳은 현장에서 별도의 열처리과정없이 바로 사용할 수 있기 때문에 편리하고 광범위하게 사용되고 부식에 대한 높은 저항력을 갖는다.

3. 2017-T와 2024-T 리벳 2017-T와 2024-T 리벳은 같은 크기의 2117-T 리벳보다 더 큰 강도를 필요로 하는 알루미늄합금 구조물에 사용한다. "아이스박스 리벳(Icebox Rivet)"이라고도 알려져 있는 이 리벳들은 풀림처리(annealing) 한 다음 사용할 때까지 냉동고에 보관해야 한다. 2017-T 리벳은 냉동고에서 꺼낸 다음 약 1시간 이내에 리벳 작업을 끝내야 하고, 2024-T 리벳은 10~20분 이내에 끝내야 한다. ★

4. 5056 리벳 5056 리벳은 마그네슘합금리벳으로 내식성 마그네슘합금 때문에 구조물 리벳 작업에 사용된다.

5. 연강(MildSteel) 리벳 연강(mild steel) 리벳은 강철부품의 리벳작업에 사용한다. 내식강 리벳은 방화벽(firewall), 배기관 (Exhaust Stack), 그리고 이와 유사한 구조물을 고정할 때 사용한다.

6. 모넬(Monel) 리벳 모넬 리벳(monel rivet)은 니켈강합금(nickel-steel alloy) 리벳작업에 사용된다. 내식강으로 만든 리벳을 대체하여 사용할 수도 있다.

7. 리벳의 식별(Identification)

리벳은 특성을 분류하기 위해 머리에 기호로 표시한다. 이 표시는 1개 또는 2개의 돌출된 점, 움푹 들어간 점, 돌출된 한 쌍의 대시(-) 기호, 돌출된 십자(+) 기호, 삼각형, 돌출된 하나의 대시(-) 기호 등이 있으며, 일부는 머리에 아무런 표시도 없는 것이 있다.

• 블라인드 리벳(Blind Rivets)

리벳작업을 위해 구조물이나 부품의 양쪽에서 접근하는 것이 불가능하거나, 버킹 바(Bucking Bar)의 사용이 불가능한 곳이 많이 있다. 또한, 항공기 내부장식, 바닥(Flooring), 제빙부츠 (Deicing Boots)와 같이 강도가 큰 솔리드섕크리벳을 사용하지 않아도 될 비구조부분도 많이 있다. 이런 곳에 사용하기 위해 특수리벳이 개발되었다.

- 체리 리벳(cherry rivet) : 버킹바를 댈 수 없는 곳에 쓰임.
- 리브 너트(rib nut) : 항공기의 날개나 테일 표면에 고무재 제빙부츠를 장착하는데 사용
- 폭발 리벳(explosive rivet) : 섕크 끝 속에 화약을 넣어 리벳 머리에 가열된 인두로 폭발시켜 리벳작업.

• 특수 파스너 (Special Shear and Bearing Load Fastener)

많은 특수파스너(special fastener)는 경량으로 고강도를 만들어내고, 전통적인 AN 볼트와 너트를 대신하여 사용할 수 있다. AN 볼트를 너트로 잠글 때, 볼트는 늘어나서 가늘어지고, 따라서 볼트는 더 이상 구멍에 밀착되지 않는다. 특수파스너는 압착되는 칼라에 의해 고정하기 때문에 이런 헐거운 결합이 생기지 않는다. 파스너는 장착 시에 볼트에서처럼 인장하중이 작용하지 않는다. 또한, 특수파스너는 경량항공기에 광범위하게 사용한다. 항상 항공기 제작사의 요구사항을 따라야만 한다.

• 핀 리벳(Pin Rivets)

고전단 리벳(hi-shear rivet)은 특수리벳으로 분류되지만 그러나 블라인드형은 아니기 때문에 리벳 체결을 위해서는 부품의 양쪽으로 접근할 수 있어야 한다.

• 턴-로크 파스너(Turn-lock Fasteners)

턴-로크(Turn-lock) 파스너는 항공기의 점검패널, 문(Door), 기타 분리할 수 있는 판넬(Panel)을 부착하기 위해 사용된다. 턴-로크 파스너는 또한 빠른 개방, 빠른 동작, 응력패널(stressed panel) 파스너라고도 부른다.

주스 (Dzus) 파스너, 캠 로크(Cam-loc) 파스너, 에어 로크 (Air-loc) 파스너 등이 사용되고 있다.

• 조종케이블과 터미널 (Control Cables and Terminals) ★

케이블은 1차 비행조종계통(primary flight control system)에 가장 널리 사용되는 연결 매체이다. 케이블 형태의 연결매체는 엔진제어계통, 착륙장치의 비상 풀림계통 등 항공기 전체에 걸쳐 여러가지 계통에서 사용된다.

1. 장점

   가) 강하고 가볍다.

   나) 케이블의 유연성(flexibility) 때문에 조종력을 전달하는 케이블의 방향전환이 쉽다.

   다) 항공기 케이블은 높은 기계적 효율을 갖고 있으며 유격이 없기 때문에 정밀한 조종을 방해하는 반동(backlash)현상이 없다.

2. 단점

   가) 케이블의 장력은 신장과 온도변화를 고려하여 수시로 조정되어야만 한다.

   나) 항공기 조종케이블은 탄소강이나 스테인리스강으로 제조된다.

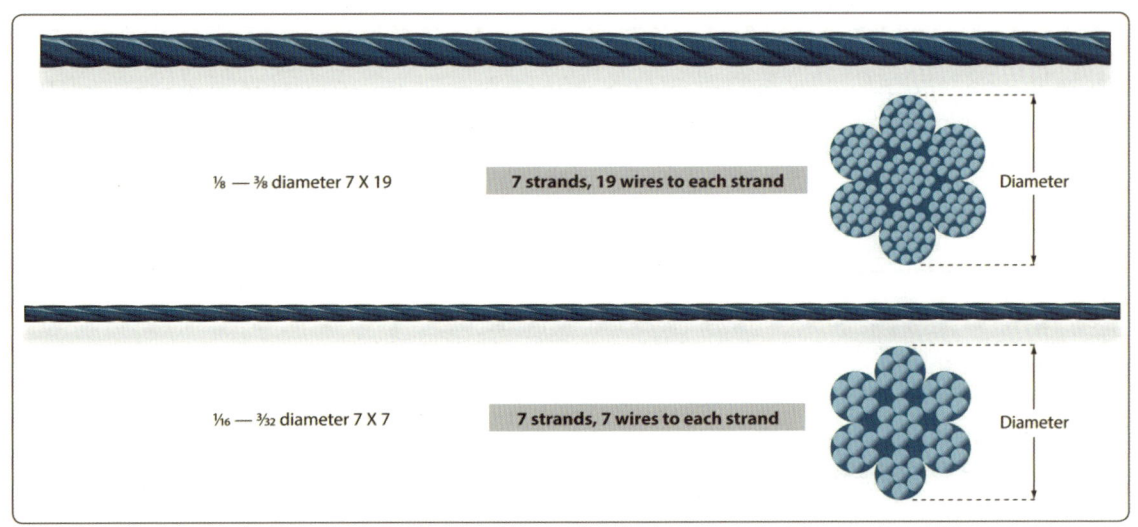

그림32. 조종 케이블의 단면

- 케이블의 구성(CableConstruction) ★

케이블의 기본부품은 와이어(wire)이다. 와이어의 지름은 케이블의 전체 지름을 결정한다. 여러 줄의 와이어를 나선형으로 꼬아서 한 가닥(Strand)을 만든다. 이 가닥들을 중심의 직선 가닥 주위로 꼬아서 케이블을 완성한다. 케이블 호칭은 가닥(Strand)의 수와 각각의 가닥을 구성하는 와이어(wire)의 수에 근거한다. 가장 일반적인 항공기 케이블은 7 × 7과 7 × 19 이다.

7 × 7 케이블은 7개의 와이어를 꼬아서 한 가닥을 만들고 다시 이 가닥 7개를 꼬아서 하나의 케이블을 완성한다. 이들 가닥 중 6개는 중심 가닥을 둘러싸고 꼬여진다. 이것은 가요성(flexibility) 케이블이며 트림탭 조종장치(trim tab control), 엔진 제어장치(engine control) 등 2차 조종계통과 계기조절계통에 사용한다.

- 케이블 피팅(CableFittings)

케이블은 터미널(Terminal), 딤블(thimble), 부싱 (Bushing), 그리고 U자형 샤클 (shackle)과 같은 여러 종류의 피팅(Fitting)과 함께 조립된다. 터미널 피팅은 일반적으로 스웨이징 방법(Swaged-type)으로 케이블과 연결된다.

◦ 턴버클(Turnbuckles)

턴버클은 나사산을 낸 2개의 터미널(Terminal)과 나사산을 낸 배럴(Barrel)로 구성된 기계용 스크루 장치이다. 턴버클은 케이블 길이를 미세하게 조절하고 이를 통해 케이블장력(cable tension)을 조정하는 케이블 연결장치이다.

◦ 케이블을 터미널 피팅에 연결하는 방법

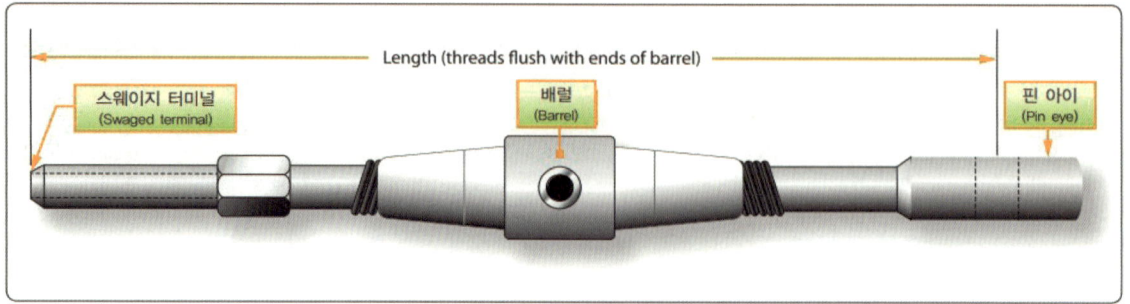

1. 스웨이징 : 터미널피팅에 케이블을 끼우고 스웨이징 공구, 장비로 압착하는 방법
2. 납땜이음 : 케이블 부싱이나 딤블 위로 구부려 돌린 다음 와이어를 감아 스테아르산의 땜납 용액에 담아 땜납 용액이 케이블 사이에 스며들게 하는 방법.
3. 5단엮기이음 : 부싱이나 딤블을 사용하여 케이블 가닥을 풀어서 엮은 다음 그 위에 와이어를 감아 씌우는 방법

• 안전결선(safety wiring)

어떤 다른 방법으로 안전작업을 할 수 없는 캡(cap) 나사, 스터드, 너트, 볼트머리, 그리고 턴버클 배럴(Turnbuckle Barre) 등을 안전공정작업 할 수 있는 가장 확실하고 만족스러운 방법이다. 와이어의 장력으로 풀리려고 하는 경향을 막아 주는 방식이며, 2개 이상의 부품을 와이어로 서로 연결하는 방법

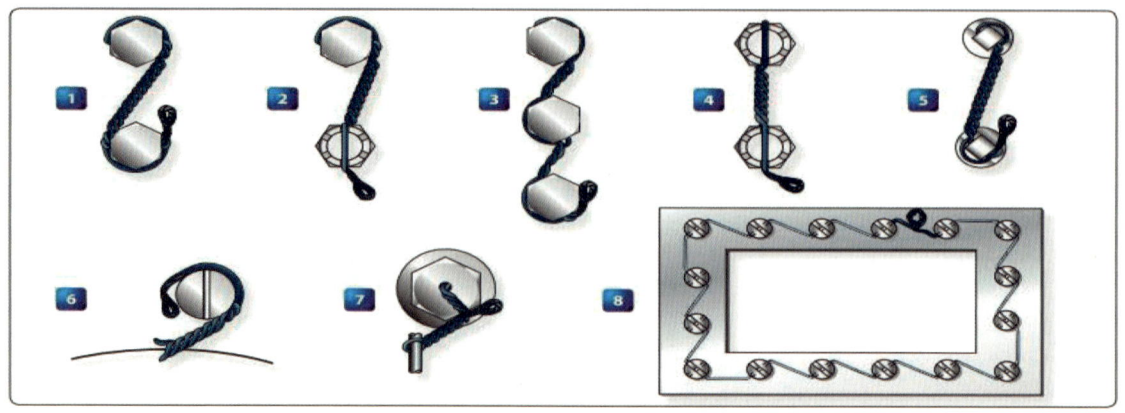

① 보기 1, 2, 그리고 5의 그림은 볼트, 스크루, 사각 머리플러그, 그리고 이와 유사한 부품끼리 한 그룹으로 안전결선 하는 올바른 방법을 나타낸다.
② 보기 3의 그림은 몇 개의 구성요소를 연속해서 결선하는 방법을 나타낸다.
③ 보기 4의 그림은 캐슬너트(castellated nut)와 스터드(Stud)를 결선하는 올바른 방법을 나타낸다. 너트 주위로 감지 않았다.
④ 보기 6과 7의 그림은 하우징(housing)이나 러그(Lug) 등의 주변 구조물과 결선하는 방법을 나타낸다.
⑤ 보기 8의 그림은 기하학적으로 폐쇄된 공간 안에 밀집해서 배치된 몇 개의 구성요소를 단선식으로 결선하는 올바른 방법을 나타낸다.

• 판금작업

항공기 수리의 주 목적은 손상된 부분을 원상태로 회복시키는 것이다. 교체는 대부분 가장 효율적으로 수리하는 유일한 방법이다.

성형은 금속을 신장 또는 수축하거나, 또는 때때로 양쪽 모두를 적용하는 것이 필요하다. 금속을 성형하는 데 사용되는 다른 공정들은 범핑(bumping), 클림핑(crimping), 그리고 접기(folding)를 포함한다.

1. 판금설계

   가) 최소 굽힘 반지름 : 판재를 최소 예각으로 굽힐 때 내접원의 반지름으로 풀림처리한 판재는 그 두께와 같은 정도의 굽힘 반지름을 사용하고 보통 최소 굽힘 반지름은 두께의 3배 정도이다.

   나) 굽힘여유, 굴곡 허용량 : 평판을 구부려서 부품을 만들 때에 완전히 직각으로 구부릴 수 없으므로 굽히는데 소요되는 여유길이.

   다) 세트백 : 굴곡된 판 바깥면의 연장선의 교차점과 굽힘 접선과의 거리

2. 판재의 절단 및 굽힘가공

   가) 신장(Stching) : 금속을 망치질(hammering) 또는 압연하여 신장한다. 판금을 얇게 만들고, 늘리고, 그리고 굴곡지게하는 과정이다.

   나) 수축(Shrinking) 금속의 길이, 특히 구부러진 곳의 안쪽의 길이를 줄여야 할 때 사용된다.

   다) 범핑(Bumping) : 보통 고무, 플라스틱, 또는 생가죽으로 만든 망치로 치거나 또는 가볍게 두드려서 늘릴 수 있는 금속으로 모양을 만들거나 또는 성형하는 것이다. 찢기 공정 중, 금속은 받침판, 모래주머니, 또는 형틀에 의해서 받쳐진다. 이것들은 금속의 두들겨 편 부분이 안으로 가라앉는 상황을 방지한다. 범핑은 손으로 또는 기계로 작업할 수 있다.

   라) 클림핑(Crimping) : 길이를 짧게 하기 위해 판재를 주름잡는 방법

   마) 판금 절곡(Folding Sheet Metal) : 판재, 두꺼운 판, 또는 박판을 구부리거나 주름을 만드는 것이다.

   바) 블랭킹(blanking) : 펀치와 다이를 프레스에 설치, 판금 재료로부터 소정의 모양을 만드는 것.

   사) 펀칭(punching) : 구멍내는 작업

   아) 세이빙(saving) : 끝 다듬질 하는 것

   자) 굽힘 (folding) : 얇은 판을 굽히는 것

   차) 플랜징(flanging) : 원통의 가장자리를 늘려서 단을 짓는 것

카) 시임(seaming) : 판재를 서로 구부려 끼운 후 압착시켜 결합시키는 것

타) 라이트닝 홀(lightning hole) : 중량을 감소시키기 위해서 강도에 영향을 미치지 않고 불필요한 재료를 절단해 내는 구멍

• 용접

재료의 접합하려는 부분을 녹이거나 녹은 상태에서 서로 융합시킴으로서 금속을 접합시키는 것

• 용접의 유형(Types of Welding) ★
  ◦ 가스 용접(Gas Welding) : 가스용접은 금속 부품의 끝단 또는 가장자리를 고온의 화염으로 융해된 상태로 가열하여 이루어진다
  ◦ 전기 아크용접(Electric Arc Welding) : 전기 아크용접은 항공기의 제작과 수리에 모두 광범위하게 사용된다.
  ◦ 차폐 금속아크용접 (Shielded Metal Arc Welding, SMAW) : 보통 스틱용접으로 지칭되는 차폐 금속아크용접은 용접의 가장 일반적인 유형이다.
  ◦ 가스 금속 아크용접 (Gas Metal Arc Welding, GMAW) : 가스 금속 아크용접은 공식적으로 금속 불활성 가스용접(MIG, metalinertgaswelding) 이라고 부른다. 전원장치가 토치와 공작물에 연결되어 있고 아크가 공작물과 전극을 녹여주는데 필요한 열을 발생시킨다.

• 강도와 안전성
  ◦ 크리프 : 외력이 일정하게 유지되어 있을 때, 시간이 흐름에 따라 재료의 변형이 증대하는 현상.
  ◦ 응력집중 : 노치(notch), 작은 구멍, 키, 홈, 필릿 등과 같은 단면적의 급격한 변화가 있는 부분에 대단히 큰 응력이 발생하는 것
  ◦ 피로 : 반복하중에 의하여 재료의 저항력이 감소되는 현상

◦ 좌굴 : 기둥의 길이가 그 횡단면의 치수에 비해 클 때, 기둥의 양단에 압축하중이 가해졌을 경우 하중이 어느크기에 이르면 기둥이 갑자기 휘는 현상.
◦ 제한하중배수 : 제한 하중을 구조물의 정상운용 상태의 하중을 나눈 값
◦ 안전계수 : 장치 따위를 파괴하는 극한의 세기와 안전 허용 응력과의 비율. 하중으로 그 재료가 변형·파괴되지 않는 범위를 정하는 데 필요하다.

항공기 하드웨어 연습문제 »

1. 특수목적 볼트 중 옳지 않은 것은?
   ① 클레비스볼트
   ② 아이스볼트
   ③ 조볼트
   ④ 고정볼트

2. 고정볼트의 종류 중 옳지 않은 것은?
   ① 풀형
   ② 스텀프형
   ③ 블라인드형
   ④ 돔형

3. 비자동 고정너트 종류 중 옳은 것은?
   ① 캐슬너트
   ② 부츠자동고정너트
   ③ 스테인리스강 자동고정너트
   ④ 탄성고정너트

4. 항공기용 와셔 종류 중 옳지 않은 것은?
   ① 평 와셔
   ② 고정 와셔
   ③ 능동형 와셔
   ④ 특수 와셔

정답 : ② ④ ① ③

5. 항공기용 리벳의 특징 중 옳은 것은?
   ① 일정한 유격을 만든다
   ② 화물칸의 화물을 고정시키는데 쓰인다
   ③ 연료보조탱크로 쓰인다
   ④ 항공기의 여러부품들을 단단하게 고정시킨다

6. 조종케이블 7 X 19 에 대한 설명 중 옳은 것은?
   ① 133개의 와이어를 엮어서 만든 조종케이블
   ② 19가닥의 얇은 와이어를 1가닥의 케이블로 만들고, 1가닥으로 만든 케이블을 7가닥으로 만든 와이어
   ③ 둘레가 133CM인 와이어
   ④ 7가닥의 얇은 와이어를 1가닥의 케이블로 만들고, 1가닥으로 만들 케이블을 19가닥으로 만든 와이어

7. 항공기 용접의 유형 중 옳지 않은 것은?
   ① 가스 용접
   ② 전기 아크용접
   ③ 차폐 금속아크용접
   ④ 오일 용접

8. 항공기 판금작업의 설명으로 옳은 것은?
   ① 손상된 부분을 원상태로 회복시키는 것
   ② 충돌에 대비해 항공기의 외판강도를 향상시키는 것
   ③ 판금작업의 가장 효율적인 작업은 구부러진 외판을 덴트수리하는 것이다
   ④ 항공기 외판은 자연재생이 되는 소재를 쓰기 때문에 판금작업의 효율을 상승시킨다.

정답 : ④ ② ④ ①

9. 특수파스너에 대한 설명으로 옳지 않은 것은?

　① 경량으로 고강도를 만들어낸다

　② 전통적인 AN 볼트와 너트를 대신하여 사용할 수 있다

　③ 압착되는 칼라에 의해 고정하기 때문에 헐거운 결합이 생기지 않는다

　④ 대형항공기에 광범위하게 사용한다

10. 조종케이블과 터미널의 장점으로 옳지 않은 것은?

　① 강하고 가볍다

　② 항공기 조종케이블은 탄소강이나 스테인리스강으로 제조된다

　③ 케이블의 유연성 때문에 방향전환이 쉽다

　④ 유격이 없기 때문에 반동현상이 없다

정답 : ④ ②

〈 항공기상 〉

제1장 지구 대기

• **대기의 구성**

지구 대기권의 대기 구성 물질은 99%가 질소(N_2) 78% 및 산소(O_2) 21% 순서로 구성되어 있으며, 그외 아르곤(Ar), 이산화탄소 (CO_2), 헬륨(He), 메탄(CH_4), 수소(H_2), 수증기(H_2O), 일산화질소(NO), 오존(O_3), 일산화탄소(CO) 등이 차지하고 있다.

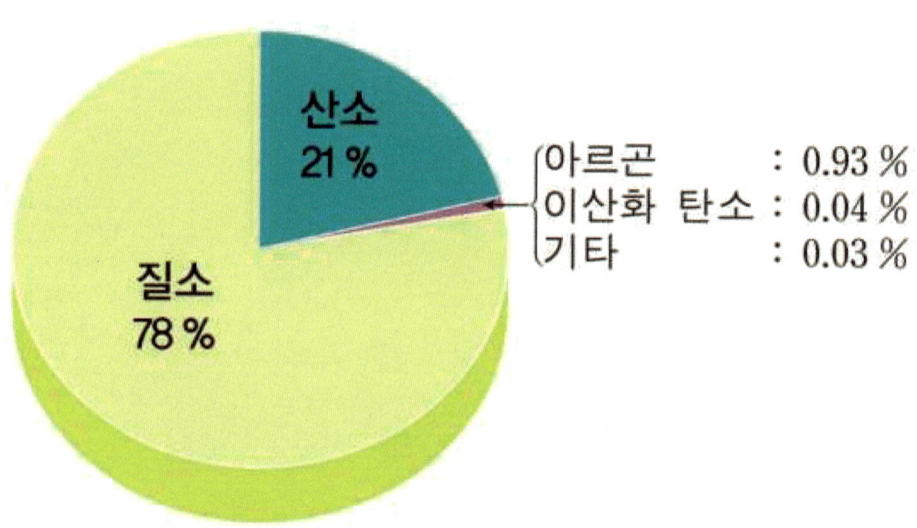

• **해수면**

물은 어떠한 용기에 담더라도 수평을 이룬다. 이 같은 유체의 특성을 고려하여 지구표면의 높이를 측정하기 위한 하나의 기준으로 해수면의 높이를 "0"으로 선정한다.
우리나라는 인천만의 평균해수면의 높이를 "0"으로 선정하였다.

• 대기권

1. 대류권 (10~15km)

가. 대부분의 항공기 운항 권역.

나. 지구 표면으로부터 형성된 공기의 층

2. 대류권계면

가. 대류권과 성층권 사이의 경계층.

나. 기온 변화가 거의 없다. 평균 17km

다. 제트기류, 청천난기류 또는 뇌우를 일으키는 기상현상이 발생한다.

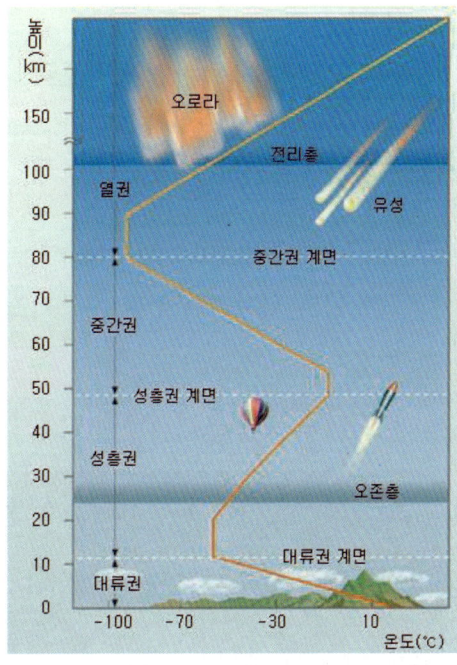

3. 성층권 (50km)

가. 안정된 대기로 대류현상이 특별히 없다.

나. 오존층 형성하여 자외선 흡수

4. 성층권계면

가. 성층권과 중간권 사이의 층

나. 오존층 존재로 인한 기온역전 현상이 최고에 달한다. 기온 증가

5. 중간권 (50~80km)

가. 성층권과 열권 사이의 층.

나. 지표면의 복사열과 태양에너지를 받지 못해 기온이 감소.

6. 열권 (80km~)

가. 온도가 기하급수적으로 증가

나. 전리층이 존재하여 전파를 반사시켜 무선통신이 가능하게 한다.

◦ 기온감률 - 고도가 상승함에 따라 기온이 감소하는 비율.

◦ 기온역전 - 기온은 고도가 올라감에 따라 1,000ft 당 평균 2°C(6.5°C/km)씩 감소한다. 그러나 어느 지역에서는 고도의 상승에 따라 기온이 상승하는 현상이 발생한다.

• 방위

1. 자북

   지구 자기장에 의한 방위각으로 나침반의 방위지시침이 지시하는 방위는 자북을 기준으로 지시한다. 자북의 위치는 캐나다 허드슨만 부근 천연자력지대를 표시하며 매년 위치가 바뀐다.

2. 진북

   지구 자전축이 지나는 북쪽으로 북극성이 향하는 실제의 북쪽으로 항공기의 항법을 위해서 제작되는 시계비행 항공도는 지리적 북극을 기준으로 제작된다.

3. 도북

   지도상의 북쪽을 나타내는 방위

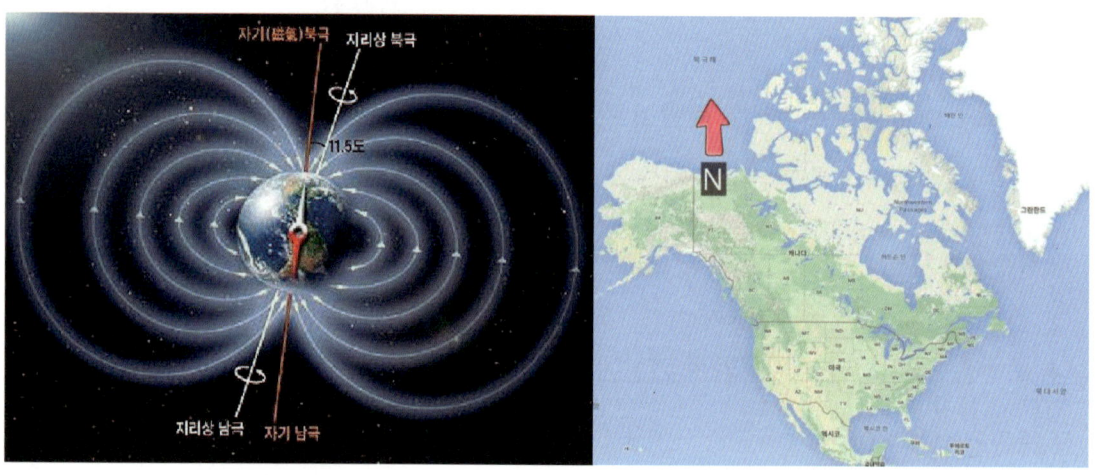

[지구자기장]　　　　　　　　　　[도북]

[진북]

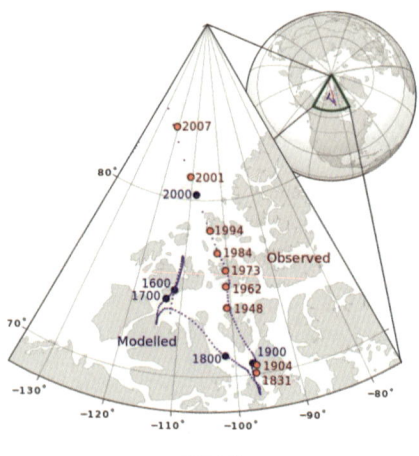

[자북]

제2장 온도와 열전달

• 기온

1. 온도 - 공기분자의 평균 운동에너지의 속도를 측정한 값. 물체의 뜨거운 정도.
2. 열 - 물체에 존재하는 열에너지의 양을 측정한 값.
3. 온도와 열에 많이 사용되는 용어

   가) 열량 : 물질의 온도가 증가함에 따라 열에너지를 흡수할 수 있는 양.

   나) 비열 : 물질 1g 의 온도를 1°C 올리는데 요구되는 열.

   다) 현열 : 일반적으로 온도계에 의해서 측정된 온도. 섭씨, 화씨, 켈빈

   라) 잠열 : 물질의 상위상태로 변화시키는데 요구되는 열에너지. 고체, 액체, 기체

   마) 비등점 : 액체 내부에서 증기 기포가 생겨 기화하는 현상.(1기압의 순수 물은 100°C 이다.)

   바) 빙점 : 액체를 냉각시켜 고체로 상태변화가 일어나기 시작할 때의 온도.(어는점)로 뇌우, 태풍, 폭풍의 주요 에너지원.

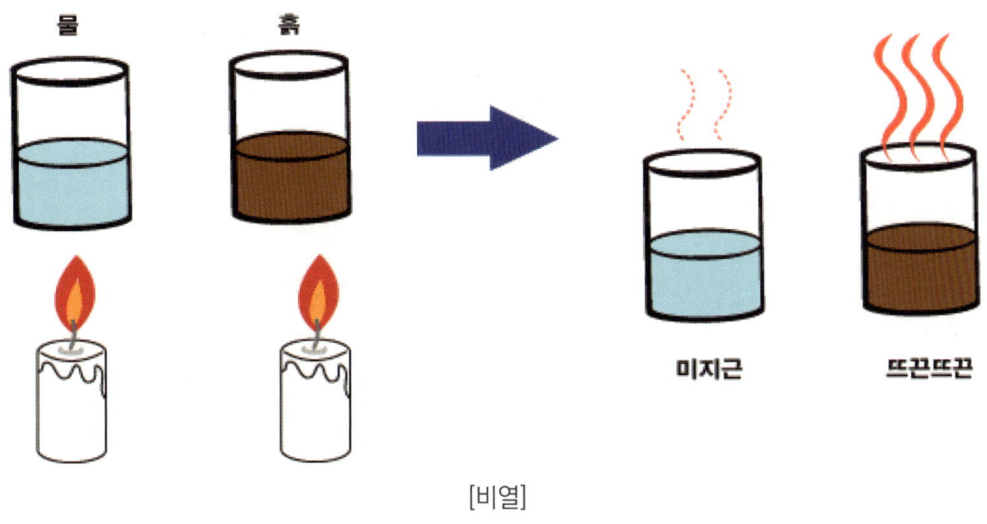

[비열]

제3장 수증기

• 물의 순환

지구상의 물은 수증기나 물, 얼음과 같이 그 모습을 달리하면서 끊임없이 하늘과 땅의 표면 및 지하, 그리고 바다를 순환한다.

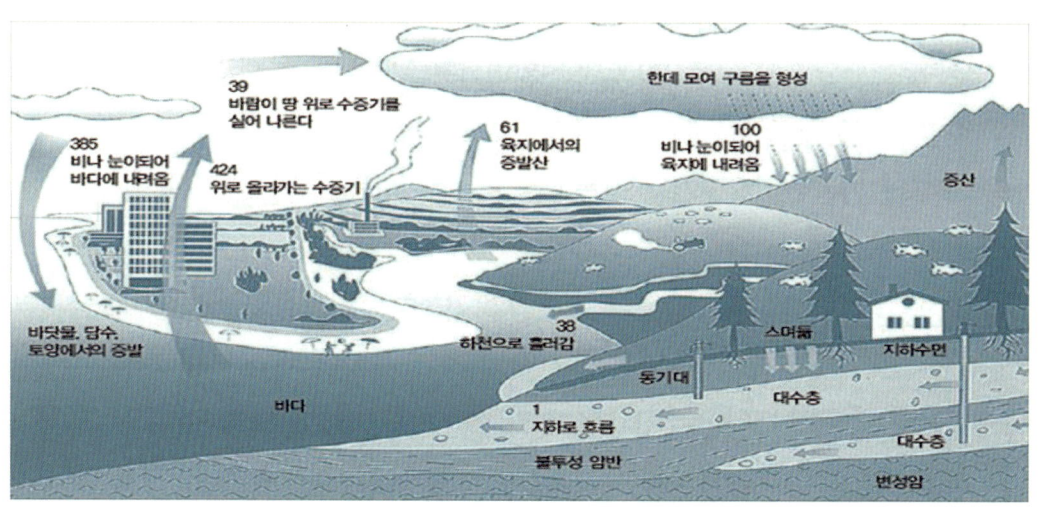

• 습도

대기중에 함유된 수증기의 양을 나타내는 척도.
1. 상대습도 – 현재의 기온에서 최대 가용한 수증기에 대비해서 실제 공기 중에 존재하는 수증기량.
2. 절대습도 – 1㎥의 공기가 함유하고 있는 수증기의 양.

상대습도와 절대습도는 어떻게 다른가?

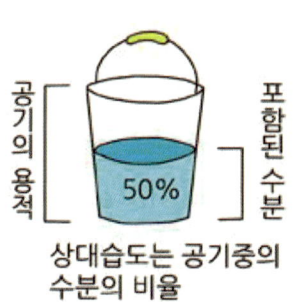
상대습도는 공기중의 수분의 비율

절대습도는 공기중의 수분의 양

• 안개

1. 증기안개 – 따뜻한 수면이 증발되어 얇은 하층의 찬 공기중에 들어가 공기를 포화시켜서 형성된 안개. 호수 및 강 근처에서 광범위하게 형성, 악시정을 유발.

2. 복사안개

   야간에 지형적인 복사가 표면을 냉각시키고 표면위의 공기를 노점까지 냉각될 때 응결에 의해 형성되는 안개 주로 맑은날 기온과 이슬점의 온도차이로 인하여 발생한다.

3. 이류안개

   해상에서 생기는 안개로 습윤하고 온난한 공기가 한랭한 육지나 수면으로 이동해 오면 하층부터 냉각되어 공기속의 수증기가 응결되어 발생한다.

4. 활승안개

   습한공기가 산 경사면을 타고 상승하면서 팽창함에 따라 공기가 노점 이하로 단열 냉각되면서 발생하는 안개로 주로 산악지대에서 발생한다.

5. 기타 : 스모그, 전선안개, 얼음안개, 상고대 안개

[복사안개]　　　　　　　　　　　　[이류안개]

[활승안개]　　　　　　　　　　　　[스모그]

• 착빙

0℃ 이하에서 대기에 노출된 항공기 날개나 동체 등에 얼음의 막을 형성하여 항공기가 비행시 악조건으로 작용한다. (양력 감소/항력증가)

1. 맑은착빙 - 투명 또는 반투명, 천천히 결빙, 무겁고 단단, 가장 위험한 착빙 현상.
   (-10℃~0℃)
2. 거친착빙 - 불투명한 우유빛, 신속히 결빙, 구멍이 많다. 쉽게 제거 (-20℃~-10℃)
3. 혼합착빙 - 맑은착빙과 거친착빙의 혼합, 울퉁불퉁하다. (-10℃~15℃)
4. 서리착빙 - 서리

결빙 : 대기중의 순수한 물은 -40℃에 도달할 때까지 얼지 않는다.

[날개에 형성된 얼음]

[제빙작업을 하는 모습]

제4장 대기압

- **국제민간항공기구(ICAO) 표준대기**

  1. 해수면 표준기압 : 29.92 inch.Hg (1013.2mb)
  2. 해수면 표준기온 : 15℃ (59℉)
  3. 음속 : 340 m/sec (1,116ft/sec)
  4. 기온감률 : 2℃/1,000ft

- **고도의 종류**

  1. 기압고도 – 표준대기압으로부터 항공기까지 수직 높이.
  2. 진고도 – 평균 해수면으로부터 항공기까지의 수직 높이. (MSL로 표기)
  3. 절대고도 – 지표면으로부터 항공기까지의 높이 (AGL 로 표기)

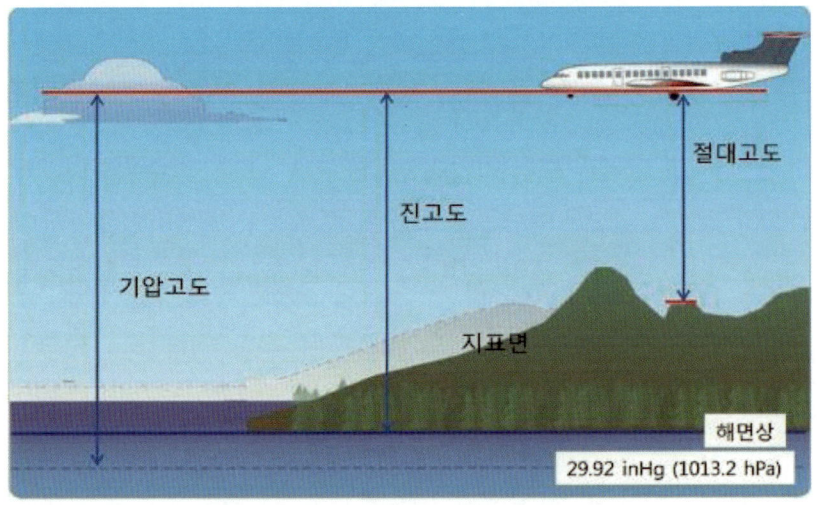

• 기압

공기가 누르는 압력을 기압이라고 한다. 주변보다 기압이 높은 곳을 고기압, 낮은 곳을 저기압이라고 부른다.

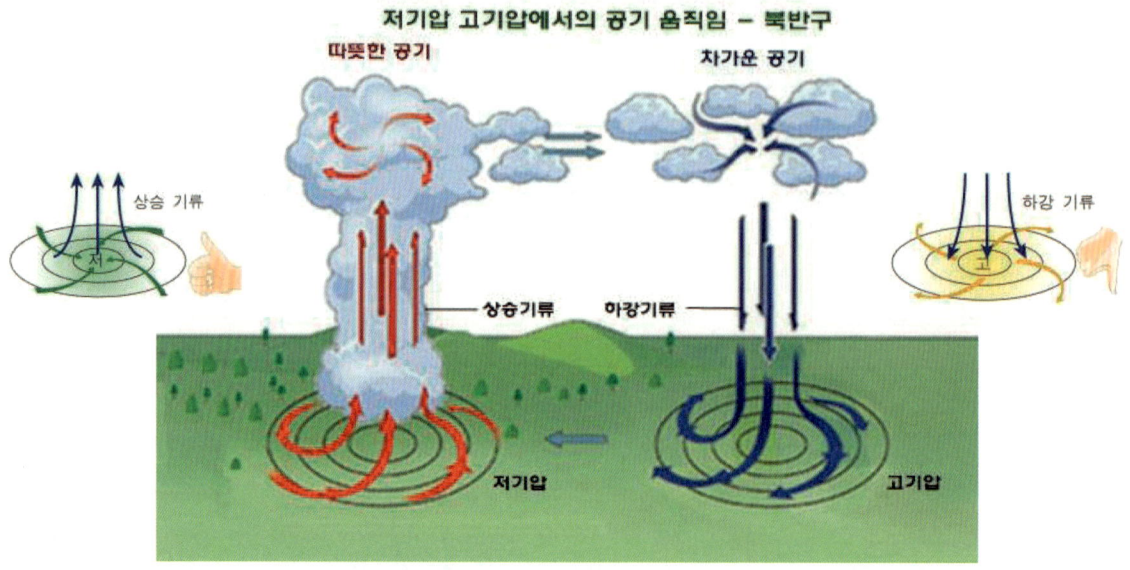

비 교	고 기 압	저 기 압
기 압	주위보다 기압이 높다.	주위보다 기압이 낮다.
바 람	시계방향으로 밖으로 불어나간다.	반시계방향으로 안으로 불어들어간다.
기 류	하강기류	상승기류
날 씨	맑다	흐리다

• 기압과 바람의 관계

1. 바람은 기압이 높은 곳에서 낮은 곳으로 시계방향으로 분다.
2. 기압 차이가 클수록 바람의 세기도 커진다.
3. 고기압 중심권의 날씨는 맑으며 바람도 약하다.
4. 날씨가 좋아도 등압선이 촘촘할 때는 바람이 세게 분다.

• 바람의 종류

1. 맞바람

   항공기의 기수 방향을 향하여 정면으로 불어오는 바람으로 항공기의 양력을 증가시켜 이착륙 성능을 현저히 증가시킨다.

2. 뒷바람

   항공기의 꼬리방향을 향하여 불어오는 바람으로 항공기의 양력을 증가시켜 이착륙 성능을 현저히 감소시키거나 불가능하게 만든다.

3. 해풍 – 낮에 바다에서 육지로 부는 바람.

4. 육풍 – 밤에 육지에서 바다로 부는 바람.

5. 산곡풍(산들바람)

   가) 산바람 – 밤에 산 정상에서 산 아래로 부는 바람.

   나) 골바람 – 낮에 산 아래에서 산 정상으로 부는 바람.

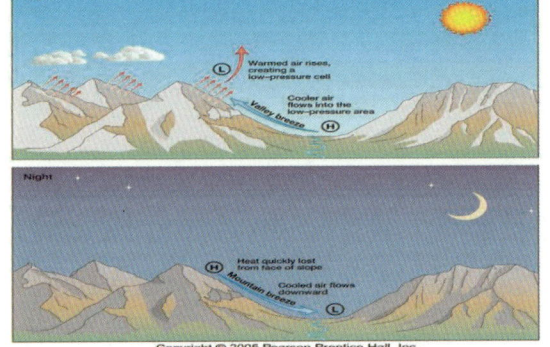
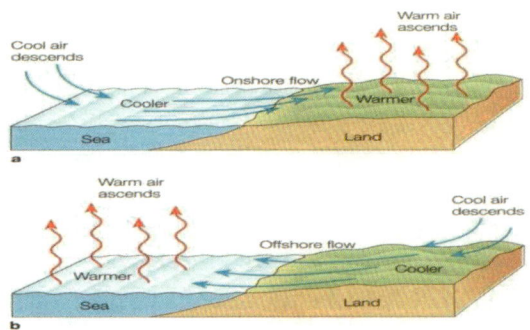

• 보퍼트 풍량계급

계급	풍속				명칭	상 태
	m/s	km/h	kt	mph		
0	<0.3	<1	<1	<1	고요	연기가 수직으로 올라간다.
1	0.3~1.5	1~5	1~2	1~3	실바람	풍향은 연기가 날아가는 것으로 알 수 있으나, 풍향계는 잘 움직이지 않는다.
2	1.5~3.3	6~11	3~6	3~7	남실바람	바람이 피부에 느껴진다. 나뭇잎이 흔들리며, 풍향계가 움직이기 시작한다.
3	3.3~5.5	12~19	7~10	8~12	산들바람	나뭇잎과 작은 가지가 끊임없이 흔들리고, 깃발이 가볍게 날린다.
4	5.5~8.0	20~28	11~15	13~17	건들바람	먼지가 일고 종이조각이 날리며, 작은 가지가 흔들린다.
5	8.0~10.8	29~38	16~20	18~24	흔들바람	잎이 무성한 작은 나무 전체가 흔들리고, 호수에 물결이 일어난다.
6	10.8~13.9	39~49	21~26	25~30	된바람	큰 나뭇가지가 흔들리고, 전선이 울리며 우산을 사용하기 어렵다.
7	13.9~17.2	50~61	27~33	31~38	센바람	나무 전체가 흔들리며, 바람을 안고서 걷기 곤란하다.
8	17.2~20.7	62~74	34~40	39~46	큰바람	작은 나뭇가지가 꺾이며, 바람을 안고서 걸을 수 없다.
9	20.7~24.5	75~88	41~47	47~54	큰센바람	큰 나뭇가지가 꺾이고, 가옥에 다소 피해가 생긴다. 굴뚝이 넘어지고 기와가 벗겨진다.
10	24.5~28.4	89~102	48~55	55~63	노대바람	나무가 뿌리째 뽑히고, 가옥에 큰 피해가 일어난다. 내륙 지방에서는 보기 드문 현상이다.
11	28.4~32.6	103~117	56~63	64~72	왕바람	광범위한 피해가 생긴다.
12	≥32.6	≥118	≥64	≥73	싹쓸바람	매우 광범위한 피해가 생긴다.

• 전선의 종류

1. 한랭전선 : 한랭한 공기가 온난기단의 따뜻한 공기 쪽으로 파고들 때 형성
2. 온난전선 : 온난한 공기가 한랭한 공기 쪽으로 이동해 가는 전선
3. 정체전선 : 정체되어 있거나 매우 느리게 움직이는 전선
4. 폐색전선 : 저기압에 동반된 한랭전선과 온난전선이 합쳐져 폐색 상태가 된 전선

구 분	한랭 전선	온난 전선
전선면의 기울기	가파름	완만함
구름의 형태	적운형	층운형
비의 형태	좁은 지역의 소나기	넓은 지역의 이슬비
전선의 이동속도	빠름	느림
통과 후 기온 변화	기온 하강	기온 상승

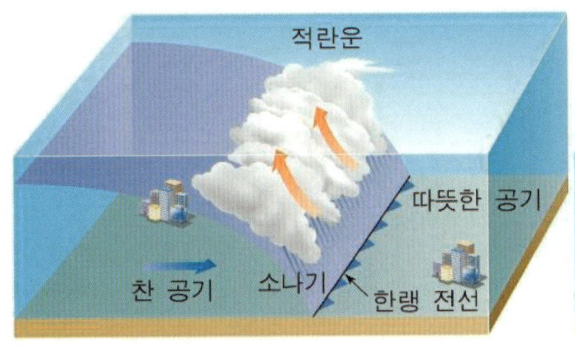
[한랭전선]

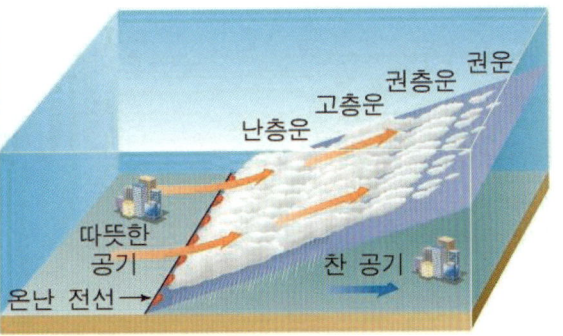
[온난전선]

[한랭전선]

• 구름의 종류

1. 층운 – 수평으로 발달한 형태, 안정된 공기가 존재. 권층운, 고층운
2. 적운 – 수직으로 발달한 구름. 불안정한 공기가 존재. 권적운, 고적운, 층적운
3. 비를 포함한 난층운, 적란운

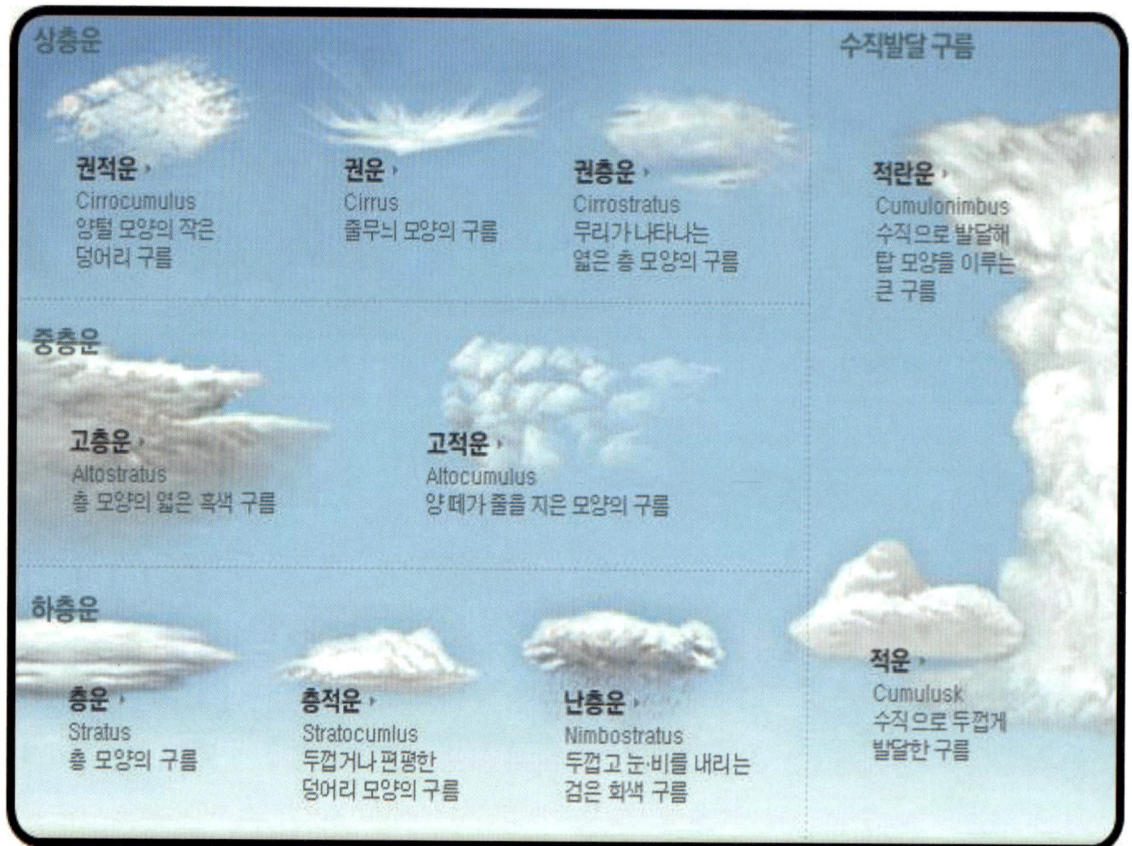

높이	상층운 (6~15km)	중층운 (2~6km)	하층운 (2km 미만)	수직운(3km 이내)
모양	권운, 권적운, 권층운	고적운, 고층운	층적운, 층운, 난층운	적운, 적난운
기호	Ci . Cc . Cs	Ac . Ad	Sc . St . Ns	Cu . Cb

• 시정

  1. 시정

    지상의 특정지점에서 계기 또는 관측자에 의해서 수평으로 측정된 지표면의 가시거리.

  2. 수직시정

    관측자로부터 수직으로 보고된 시정.

  3. 우시정

    관측자가 서 있는 360° 주변으로부터 최소 180° 이상의 수평반원에서 가장 멀리 볼 수 있는 수평거리.

  4. 활주로 시정

    활주로상의 특정지점에서 육안으로 관측한 시정.

  5. 활주로 가시거리

    특정 계기 활주로에서 조종사가 표준 고광도 등을 보고 식별할 수 있는 최대 수평거리.

    * 시정 장애물들 - 황사, 연무, 연기, 먼지 및 화산재 등

[황사로 인한 시정 제한]

- **기단**

    1. 시베리아 기단

        가) 대륙성 한랭기단

        나) 얼음이나 눈으로 덮여 있는 대류

        다) 대기는 비교적 안정되어 날씨가 맑은 편이다.

    2. 오호츠크해 기단

        가) 해양성 한랭기단.

        나) 한반도 북동쪽에 있는 오호츠크해로부터 발달.

        다) 늦봄에서 초여름의 높새바람. 지속적인 비.

    3. 북태평양 기단

        가) 해양성 열대기단.

        나) 적도 지방으로부터의 뜨거운 공기와 해양의 많은 습기를 포함한 기단

        다) 남태평양에서 발생하는 기단으로 여름철의 주요 기상현상을 초래한다.

        라) 대기가 불안정하고 많은 구름과 비가 내린다.

    4. 양쯔강 기단

        가) 대륙성 열대기단.

        나) 온난 건조하고 주로 봄과 가을에 이동성 고기압과 함께 동진한다.

    5. 적도 기단

        가) 적도 해상에서 발달한 해양성 기단.

        나) 매우 습하고 더우며 주로 7~8월에 태풍과 함께 한반도 상공으로 이동한다.

[우리나라의 기단]

제5장 일기도

- **뇌우**

  1. 뇌우
     - 가) 번개와 천둥을 동반한 적란운 구름에 의해서 발생한 폭풍.
     - 나) 악기상 요소인 폭우,우박,번개,눈,천둥,다운버스트 그리고 토네이도 등을 동반한 거대한 폭풍.
     - 다) 국지성 폭풍우, 강한 돌풍과 소나기성 강우
  2. 뇌우의 생성조건
     - 가) 온난다습한 공기가 하층에 있어야 한다. 높은 습도
     - 나) 강한 상승기류가 있어야 한다. 상승 운동
     - 다) 높은 고도까지 기층의 기온감률이 커야 한다. 불안정한 대기
  3. 뇌우의 종류
     - 가) 기단성 뇌우 : 국지성 가열에 의한 대류,여름철 고온 다습한 북태평양 기단. 급속히 발달하고 지속시간이 짧다. 강한 비바람. 밤이면 소멸.
     - 나) 전선성 뇌우 : 온난 다습. 이른 봄, 늦가을에 발생. 돌풍 및 번개와 우박을 동반한 비.
  4. 천둥과 번개
     - 가) 뇌우가 동반하는 악기상의 하나. 발생원인을 규명하지 못 함.
     - 나) 동시에 발생한다.
     - 다) 적란운에서 발생.

• **기타 악기상**

1. 난류 : 비행중인 항공기 등의 비행체에 동요를 주는 악기류.
2. 윈드쉬어 : 짧은 거리내에서 순간적으로 풍향과 풍속이 급변하는 현상.

[항공기 날개에서 발생하는 난류]

• **운량에 대한 약어**

보고 축약어	의미	총 운량
VV	Vertical Visibility	8/8
SKC or LR1	Clear	0
FEW2	Few	1/8 - 2/8
SCT	Scattered	3/8 - 4/8
BKN	Broken	5/8 - 7/8
OVC	Overcast	8/8

• 기상상황 약어

수식어		일기현상		
강도	상태	강수	장애	기타
약함 (-)	MI 얕은	DZ 이슬비	BR 박무	PO 먼지/모래 소용돌이 (회오리 바람)
	BC 흩어진	RA 비	FG 안개	SQ 스콜
보통 (수식어 없음)	PR 부분적인 (공항의 일부를 덮고 있을 때)	SN 눈	FU 연기	FC 깔때기 구름 (토네이도 또는 용오름)
	DR 낮게 날린	SG 싸락눈	VA 화산재	SS 모래 폭풍
강함 (+) (잘 발달된 먼지/모래 소용돌이와 깔때기 구름)	BL 높게 날린	IC 얼음 결정체 (빙침)	DU 널리 퍼진 먼지	DS 먼지 폭풍
	SH 소낙성의	PL 얼음 싸라기	SA 모래	-
VC 부근	TS 뇌전의	GR 우박	HZ 연무	-
	FZ 어는 (과냉각)	GS 작은 우박 또는 싸라기 눈	-	-

〈 교통안전관리론 〉

• 교통의 정의

교통이란 넓은 뜻으로는 물건과 사람의 움직임을 말하며 좁은 뜻으로는 보행, 자동차, 철도, 선박, 항공기 등의 교통 수단별로 차량의 움직임, 거기에 탑승하는 사람과 물건의 움직임을 말한다. 교통안전관리론에서의 정의는 교통기관(통로, 운반구, 동력)을 이용한 사람이나 물건의 공간적 이동이라고 정의한다.

• 교통사고

교통사고란 교통수단으로 인하여 사람을 사상하거나 물건을 손괴한 사고를 말한다.

• 교통사고의 주요요인

사고요인 중 가장 많은 비율을 차지하는 것은 인적 요인으로 본다.

1. 인적 요인 (84.8%)
   - 가) 운전자의 인적 요소 : 운전자의 심리, 습관, 준법정신, 질서의식, 연령, 운전경력, 직업관, 생리활동 등
   - 나) 운전자의 운전습관
   - 다) 운전자의 가정생활과 질병

2. 환경적 요인 (17.9%)
   - 가) 검사제도와 검사상의 문제점
   - 나) 정비불량

3. 차량적 요인 (6.0%)
   - 가) 자연환경 : 비, 눈, 일광 등과 같이 기상상태 불량
   - 나) 사회환경 및 제도 : 교통안전교육 부족 등

• 하인리히의 법칙

1920년대에 미국의 허버트 W. 하인리히(Herbert W. Heinrich)는 75,000건의 산업재해를 분석한 결과 1 : 29 : 300 법칙을 주장했다. 이 법칙은 큰 재해가 발생했다면 그전에 같은 원인으로 29번의 작은 재해가 발생했고, 또 운좋게 재난은 피했지만 같은 원인으로 부상을 당할 뻔한 사건이 300번 있었을 것이라는 사실을 밝혀냈다.

하인리히 법칙은 어떤 문제되는 상황을 초기에 신속히 발견해 대처해야 한다는 것을 의미함과 동시에 초기에 신속히 대처하지 못할 경우 큰 문제로 번질 수 있다는 것을 경고하여 위험을 사전에 차단하는 것에 초점을 둔다.

• 교통사고 원인분석

교통사고의 요인은 크게 인적 요인, 차량 요인, 교통안전시설 환경요인, 기타 주요환경 요인이 있다.

구 분	항 목
인적 요인	1. 운전자 2. 보행자 3. 안전 및 질서의식
차량 요인	1. 차량정비 및 검사 2. 차량기술
시설 환경 요인	1. 시설 구조 2. 안전 시설 3. 기타 시설
기타 주요 환경 요인	1. 날씨, 기후, 일광 2. 교통 수요 3. 사회환경, 교통법규, 사회제도

• 인간행동시스템

운전(행동)상의 사고요인 분석

원 인	건수	백분비	원인동작
인지, 지연, 판단	196	51	졸음, 운전 외것에 집중하는 경우 등
판단착오	142	37	내 생각으로 상대가 피하거나 정지하거나 양보할 것으로 믿고 행동하는 것과 같은 경우
불가항력	36	7	전혀 예상하지 못했던 돌발적인 제3자 유발적인 경우
조작오차	19	5	순각착각으로 조작이 잘못된 경우
합 계	385	100	

• 인간의 태도의 기능

올포트(G · W Allport)는 "태도란 어떤 대상에 대해 지속적으로 호의적 또는 비호의적으로 반응하려는 학습된 사전적 경향(predisposition)"으로 정의를 내리고 있다.

1. 인지적 요소인 신념
2. 감정적 요소인 정서
3. 행동의도 요소

• D. Katz에 의하면 태도는 ?

1. 행위자로 하여금 바람직한 욕구를 달성하게 하는 도구적 기능
2. 사람들로 하여금 불안이나 위협에서 벗어나 자아를 보호하게 하는 자기 방어적 기능
3. 타인들에게 자신이 생각하기에 스스로 어떤 사람인가를 나타냄으로써 자기정체성을 형성하거나 강화하는 자기표현의 기능
4. 사람들이 그들의 세계를 이해하는 데 도움을 줄 기준으로 작용하는 환경인식의 기능을 수행한다고 한다.

• 노약자의 행동특성

1. 신체기관, 감각기능이 쇠퇴하여 민첩성의 결여, 청력약화, 시력감퇴 등으로 위험 감지에 있어서 더딤.
2. 자기중심적이고 신경질적이며 신체적 쇠약 등으로 육교를 오르내리는 것을 싫어한다.
3. 신체의 노쇠로 몸을 제대로 가누지 못하며 조그마한 충격에도 넘어지기 쉽고 넘어지면 중상을 입는 경우가 허다하다.

• 어린이의 행동특성

1. 한 가지 일에 열중하면 주위의 일이 눈이나 귀에 들어오지 않는다.
   가) 굴러가는 공을 잡으려고 차도에 뛰어드는 것.
   나) 노는데 집중하면 주변에 차가 접근해도 모르는 것.
2. 사물을 이해하는 방법이 단순하다.
3. 감정에 따라 행동의 변화가 심하게 달라진다.
4. 추상적인 말을 잘 이해하지 못한다.
   (위험하다, 주의해야한다 등 말을 잘 알아듣지 못한다.)
5. 응용력이 부족하다.
6. 어른에 의지하기 쉽고 어른의 흉내를 잘 낸다.
7. 숨기를 좋아하고 신기한 것에 대한 호기심을 가진다.
8. 위험상황에 대한 대처능력이 부족하고 동일한 충격에도 큰 피해를 입는다.

• 교통안전의 조직

1. 행정기관

    가) 국가교통위원회

    나) 지역교통위원회

2. 운수사업체

    가) 라인형 조직(line system/ line organization)

    안전문제의 계획에서부터 실시에 이르기까지 업무지시와 병행해서 명령계통을 통하여 시달되고 감독되는 것으로 "강력한 추진력"을 발휘할 수 있는 장점이 있다. 그러나 안전에 관하여 무관심하거나 비협조적이면 유명무실하게 된다.

    나) 참모형 조직(staff system/ staff organization)

    안전활동을 전담하는 부서를 두고 안전에 관한 계획, 조사, 검토, 독려, 보고 등의 업무를 관장하게 하는 제도이다. 안전업무에 대한 방안을 건의하고 조언하는데 그친다. 안전관리자가 안전에 대한 지식과 기술 그리고 경험이 풍부한 때는 안전업무가 비약적으로 발전되나 그렇지 못할 때는 라인형보다 못한 때가 많다.

    다) 라인스태프형 조직

    라인형과 스태프(참모)형의 장점만 골라서 혼합한 것으로 대규모 조직에 적합하다.

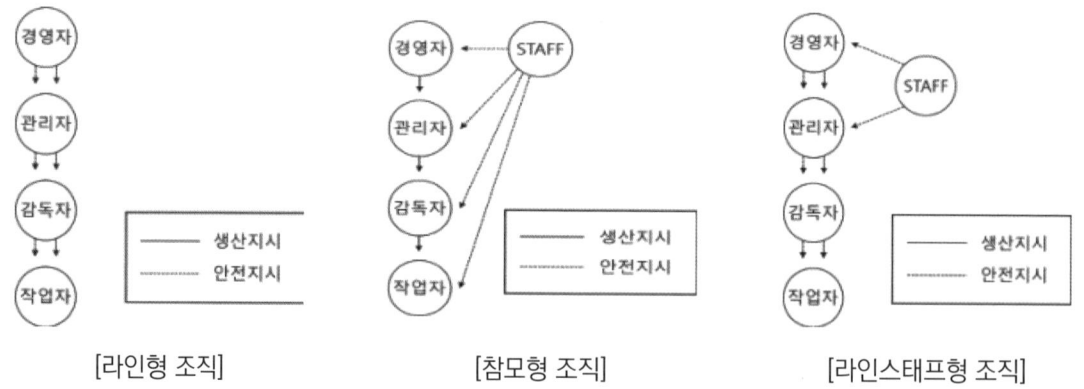

[라인형 조직]　　　　[참모형 조직]　　　　[라인스태프형 조직]

- 관리(management)란?

    1. 페이욜(H. Fayol)은 관리란 "예측하며, 조직하며, 명령하며, 조정하며 통제하는 것"이라 주장.

        가) 예측 : 장래를 예견해서 활동계획을 정하는 것

        나) 조직 : 기업의 물적 및 인적 이중의 조직을 형성하는 것

        다) 명령 : 기업구성원으로 하여금 제각기의 직능을 수행하는 것

        라) 조정 : 모든 활동 및 노력을 연결, 통일 조화시키는 것을 의미

        마) 통제 : 모든 활동을 미리 정해진 계획 및 주어진 명령에 따라 행해지도록 감시하는 것

    2. 데이비스(R. C. Davis)는 "관리란 기능(Function) 또는 과정(process)이며 조직의 목적을 달성하기 위하여 타인의 활동을 계획하며, 조직하며, 통제하는 일을 의미한다." 관리기능을 계획(plan), 조직(organization), 통제(control)의 3대 기능으로 압축하고 있다.

- 적응시

    1. 암순응 : 밝은 곳에서 어두운 곳으로 들어갔을 때, 처음에는 보이지 않던 것이 시간이 지남에 따라 차차 보이기 시작하는 현상

    2. 명순응 : 어두운 곳으로부터 밝은 곳으로 갑자기 나왔을 때 점차로 밝은 빛에 순응하게 되는 것

[터널 진입 시 눈의 적응]

◎ 항공법규

1. 등록을 필요로 하지 아니하는 항공기의 범위가 아닌 것은?
   ① 군사 목적으로 사용하는 항공기
   ② 시험비행을 목적으로 사용하는 항공기
   ③ 경찰업무에 사용하는 항공기
   ④ 세관에서 사용하는 항공기

   해설) 등록을 필요로 하지 않는 항공기의 범위
   1. 군 또는 세관에서 사용하거나 경찰업무에 사용하는 항공기
   2. 외국에 임대할 목적으로 도입한 항공기로서 외국 국적을 취득할 항공기
   3. 국내에서 제작한 항공기로서 제작자 외의 소유자가 결정되지 아니한 항공기
   4. 외국에 등록된 항공기를 임차하여 운영하는 경우 그 항공기

2. 국가기관등항공기의 적용 특례 대상이 아닌 것은?
   ① 재해/재난 등으로 인한 수색/구조
   ② 응급 환자 수송
   ③ 화재 진화 활동
   ④ 군사 훈련 활동

   해설) 국가기관등항공기를 재해·재난 등으로 인한 수색·구조, 화재의 진화, 응급환자 후송, 그 밖에 국토교통부령으로 정하는 공공목적으로 긴급히 운항(훈련을 포함한다)하는 경우에는 적용하지 아니한다.

정답 : ② ④

3. 긴급운항의 범위로 틀린 것은?

① 응급환자를 위한 장기 이송

② 재해/ 재난의 예방

③ 재해/재난 등으로 인한 수색

④ 세관 업무수행

해설) 긴급운항의 범위

· 재해 · 재난의 예방

· 응급환자를 위한 장기(臟器) 이송,

· 산림 방제(防除) · 순찰

· 산림보호사업을 위한 화물 수송

4. 다음 중 곡예비행 금지구역이 아닌 것은?

① 해당 항공기를 중심으로 반지름 500m범위 안의 지역에 있는 가장 높은 장애물의 상단으로부터 500m이하의 고도

② 사람 또는 건축물이 밀집한 지역의 상공

③ 지표로부터 1500피트 미만의 고도

④ 해당 항공기를 중심으로 반지름 300m범위 안의 지역에 있는 가장 높은 장애물의 상단으로부터 500m이하의 고도

해설) 곡예비행 금지구역

해당 항공기(활공기는 제외한다)를 중심으로 반지름 500미터 범위 안의 지역에 있는 가장 높은 장애물의 상단으로부터 500미터 이하의 고도

정답 : ④ ①

5. 승객 좌석 수가 262석인 항공기 객실에 갖춰 두어야하는 소화기의 수량은?
   ① 3개
   ② 4개
   ③ 5개
   ④ 6개

   해설) 항공기의 객실에는 다음 표의 소화기를 갖춰 두어야 한다.

승객 좌석 수	소화기의 수량
6석부터 30석까지	1
31석부터 60석까지	2
61석부터 200석까지	3
201석부터 300석까지	4
301석부터 400석까지	5
401석부터 500석까지	6
501석부터 600석까지	7
601석 이상	8

6. 승객 좌석 수가 189석인 항공기 객실에 갖춰 두어야하는 메가폰(확성기)의 수량은?
   ① 1개
   ② 2개
   ③ 3개
   ④ 4개

   해설) 항공운송사업용 여객기에는 다음 표의 손확성기를 갖춰 두어야 한다.

승객 좌석수	손확성기의 수
61석부터 99석까지	1
100석부터 199석까지	2
200석 이상	3

   정답 : ① ②

7. 통행의 우선 순위로 옳지 않은 것은?
   ① 헬리콥터는 비행선에 진로를 양보할 것
   ② 헬리콥터는 화물을 예항하는 항공기에 진로를 양보할 것
   ③ 기구류는 활공기에 진로를 양보할 것
   ④ 비행선은 기구류에 진로를 양보할 것

   해설) 통행의 우선순위
   1. 비행기·헬리콥터는 비행선, 활공기 및 기구류에 진로를 양보할 것
   2. 비행기·헬리콥터·비행선은 항공기 또는 그 밖의 물건을 예항(끌고 비행하는 것을 말한다)하는 다른 항공기에 진로를 양보할 것
   3. 비행선은 활공기 및 기구류에 진로를 양보할 것
   4. 활공기는 기구류에 진로를 양보할 것

8. 조종자는 군비행장에 착륙할 경우 따라야하는 절차로 옳은 것은?
   ① 국토교통부장관이 정한 절차
   ② 국제민간항공협약(ICAO)에서 정한 절차
   ③ 해당 군 기관이 정한 절차
   ④ 대통령령으로 정한 절차

9. 항공기준사고의 범위로 틀린 것은?
   ① 항공기가 지상에서 운항 중 다른 차량과 접촉한 경우
   ② 이륙 중 활주로 종단을 초과한 경우
   ③ 착륙 중 활주로 옆으로 착륙한 경우
   ④ 항공기 시스템의 고장으로 조종상의 어려움이 발생한 경우

   해설) 7p 참조

정답 : ③ ③ ③

10. 진입등 시스템의 설치 간격으로 옳은 것은?
    ① 10m
    ② 30m
    ③ 50m
    ④ 100m

11. 4등급 항공영어구술능력증명을 받은 사람이 유효기간이 끝나기 전 6개월 이내에 항공영어구술능력증명시험에 합격한 경우 유효기간으로 옳은 것은?
    ① 발급일로부터
    ② 교부일로부터
    ③ 만료일로부터
    ④ 만료일 다음날로부터

    해설) 항공영어구술능력증명의 등급별 유효기간은 다음의 구분에 따른 기준일부터 계산하여 4등급은 3년, 5등급은 6년, 6등급은 영구로 한다.

12. 항공보안법에서 정의한 '운항중'의 정의로 옳은 것은?
    ① 승객이 탑승한 후 항공기의 모든 문이 닫힌 때부터 내리기 위하여 문을 열 때까지
    ② 승객이 탑승을 시작하고부터 모두 내리기까지
    ③ 동력계통이 작동을 시작하고부터 작동을 멈출때까지
    ④ 탑승장치가 연결되고부터 해체될 때까지

정답 : ① ④ ①

13. 공항운영자의 보안대책 수립사항이 아닌 것은?

　　① 승객의 일치여부

　　② 공항시설의 경비대책

　　③ 항공기에 대한 경비대책

　　④ 항공보안장비의 관리 및 운용

　　해설) 항공기에 대한 경비대책은 항공운송사업자의 보안계획에 포함

14. 유도원의 신호 중팔꿈치를 구부려 유도봉을 가슴 높이에서 머리 높이까지 위 아래로 움직이는 신호로 옳은 것은?

　　① 직진

　　② 정지

　　③ 후진

　　④ 상승

　　해설) 42p 유도신호 참조

15. 5등급 항공영어구술능력증명의 유효기간으로 옳은 것은?

　　① 2년

　　② 3년

　　③ 6년

　　④ 영구

　　해설) 항공영어구술능력증명의 등급별 유효기간은 다음의 구분에 따른 기준일부터 계산하여 4등급은 3년, 5등급은 6년, 6등급은 영구로 한다.

정답 : ③ ① ③

16. 시계비행방식으로 비행하는 항공기가 관제권 안의 비행장에서 이륙 또는 착륙이 불가능한 시정상황은?
   ① 운고 300m미만, 지상시정 3km미만
   ② 운고 450m미만, 지상시정 3km미만
   ③ 운고 450m미만, 지상시정 5km미만
   ④ 운고 300m미만, 지상시정 5km미만

17. 곡예비행을 할 수 있는 비행시정으로 옳은 것은?
   ① 비행도고 3,050m 미만인 구역, 시정 5,000m 이상
   ② 비행고도 3,050m 이상인 구역, 시정 5,000m 미만
   ③ 비행고도 3,050m 이상인 구역, 시정 8,000m 미만
   ④ 비행고도 3,050m 미만인 구역, 시정 8,000m 이상

18. 시계비행방식으로 수면 위를 비행하는 항공기의 최저비행고도로 옳은 것은?
   ① 150m
   ② 300m
   ③ 450m
   ④ 600m

19. 국토교통부령으로 정하는 긴급한 업무가 아닌 것은?
   ① 재난/재해 등으로 인한 수색/구조
   ② 응급환자 수송
   ③ 화재 진화
   ④ 긴급 구호물자 수송

정답 : ③ ① ① ④

20. 항공기가 출발 전 기장이 확인하여야 할 사항이 아닌 것은?
    ① 기상정보 및 항공정보
    ② 승객의 정보와 탑승 여부
    ③ 장비품의 정비 및 정비 결과
    ④ 연료 및 오일의 탑재량

21. 공역 지정시 설정기준으로 옳지 않은 것?
    ① 국가안전보장과 항공사업성을 고려할 것
    ② 항공교통에 관한 서비스의 제공 여부를 고려할 것
    ③ 이용자의 편의에 적합하게 공역을 구분할 것
    ④ 공역이 효율적이고 경제적으로 활용될 수 있을 것

22. 항공기 출발 전 기장이 항공기와 그 장비품의 정비 및 정비결과를 확인하는 경우 점검하여야 할 사항이 아닌 것은?
    ① 항공일지 및 정비에 관한 기록
    ② 연료 및 윤활유의 탑재량과 그 품질
    ③ 항공기의 외부점검
    ④ 발동기의 지상 시운전 점검

정답 : ② ① ②

23. 항공기가 야간에 항행하는 경우 당해 항공기의 위치를 나타내기 위하여 필요한 등불은?

① 충돌방지등, 기수등, 우현등, 좌현등

② 충돌방지등, 우현등, 좌현등, 미등

③ 충돌방지등, 기수등, 착륙등, 미등

④ 충돌방지등, 우현등, 좌현등, 착륙등

24. 야간에 항행하는 항공기의 위치를 나타내기 휘한 등불이 아닌 것은?

① 좌현등

② 우현등

③ 기수등

④ 충돌방지등

25. 무상으로 운항하는 항공기를 보수를 받지 아니하고 조종하는 자격은?

① 운송용 조종자

② 사업용 조종자

③ 자가용 조종자

④ 항공 기관사

정답 : ② ③ ③

26. 항공기의 국적기호 및 등록기호 표시 방법 중 틀린 것은?

① 국적 등의 표시는 국적기호, 등록번호 순으로 표시한다

② 국적기호는 장식체가 아닌 로마자의 대문자 HL로 표시해야한다,

③ 등록기호의 첫 글자는 숫자로 표시해야한다.

④ 등록기호의 구성 등에 필요한 세부사항은 국토교통부장관이 정하여 고시한다.

해설) 등록기호는 항공기 종류, 발동기 장착수량의 구분 및 일련번호를 표시하는 로마자 대문자와 숫자를 조합한 4자리로 구성한다.

27. 특별감항증명 대상이 아닌 경우는?

① 연구 및 개발 중인 경우

② 판매 등을 위한 전시하는 경우

③ 조종연습에 사용하는 경우

④ 정비를 위한 장소까지 화물을 싣고 비행하는 경우

해설) 16p 참조

28. 사업용조종사의 업무 범위로 틀린 것은?

① 무상으로 운영하는 항공기를 보수를 받고 조종

② 항공기사용사업에 사용하는 항공기를 조종

③ 자가용 조종사의 자격을 가진 사람이 할 수 있는 행위

④ 항공기에 탑승하여 발동기 및 기체를 취급하는 행위

해설) 항공기관사의 업무범위

항공기에 탑승하여 발동기 및 기체를 취급하는 행위(조종장치의 조작은 제외한다)

정답 : ③ ④ ④

29. 다음 중 항공영어구술능력증명이 필요로 하는 경우가 아닌 것은?

① 두 나라 이상을 운항하는 항공기의 승무

② 두나라 이상을 운항하는 항공기에 대한 관제

③ 두나라 이상을 운항하는 항공기의 조종

④ 두나라 이상을 운항하는 항공기에 대한 무선통신

30. 승객 좌석 수가 167석인 항공기 객실에 갖춰 두어야하는 구급의료용품의 수량은?

① 1개

② 2개

③ 3개

④ 4개

해설) 의료지원용구

구분	수량
구급의료용품 (First-aid Kit)	100석 이하: 1조 101석부터 200석까지: 2조 201석부터 300석까지: 3조 301석부터 400석까지: 4조 401석부터 500석까지: 5조 501석 이상: 6조

정답 : ① ②

31. 승객 좌석 수가 321석인 항공기 객실에 갖춰 두어야하는 감염예방 의료용구의 수량은?

　① 1개

　② 2개

　③ 3개

　④ 4개

해설) 의료지원용구

감염예방 의료용구 (Universal Precaution Kit)	250석 이하: 1조 251석부터 500석까지: 2조 다) 501석 이상: 3조

32. 승무시간(Flight Time)의 범위로 옳은 것은?

　① 승객이 탑승을 시작하고부터 동력계통의 작동이 멈출 때까지

　② 승객이 탑승한 후 항공기의 모든 문이 닫힌 때부터 내리기 위하여 모든 문을 열 때까지

　③ 항공기가 최초로 움직이기 시작한 때부터 비행이 종료되어 최종적으로 항공기가 정지한 때

　④ 근무의 시작을 보고한 때부터 마지막 비행이 종료되어 최정적으로 항공기의 발동기가 정지된 때까지

정답 : ② ③

33. 운항승무원이 기장 1명, 기장 외의 조종사 1명인 항공기의 최대비행근무시간으로 옳은 것은?

① 13시간

② 15시간

③ 16시간

④ 20시간

해설) 운항승무원의 승무시간 등의 기준

운항승무원의 연속 24시간 동안 최대 승무시간·비행근무시간 기준 (단위: 시간)

운항승무원 편성	최대 승무시간	최대 비행근무 시간
기장 1명	8	13
기장 1명, 기장 외의 조종사 1명	8	13
기장 1명, 기장 외의 조종사 1명, 항공기관사 1명	12	15
기장 1명, 기장 외의 조종사 2명	12	16
기장 2명, 기장 외의 조종사 1명	13	16.5
기장 2명, 기장 외의 조종사 2명	16	20
기장 2명, 기장 외의 조종사 2명, 항공기관사 2명	16	20

34. 응급구호 및 환자 이송을 하는 헬리콥터 운항승무원의 연속 24시간 운항 기준 최대 승무시간으로 옳은 것은?

① 6시간

② 8시간

③ 10시간

④ 12시간

정답 : ① ②

35. 항공안전프로그램에 포함되어 있는 사항으로 옳지 않은 것은?
    ① 최고경영관리자의 권한 및 책임에 관한 사항
    ② 안전위해요인의 식별절차에 관한 사항
    ③ 안전성과의 모니터링 및 측정에 관한 사항
    ④ 안전교육 및 처벌에 관한 사항

36. 이륙 중 항공안전장애의 내용으로 옳은 것은?
    ① 항공기가 착륙활주 중 착륙장치가 활주로 완충구역으로 이탈하였으나 활주로로 다시 복귀하여 착륙활주를 안전하게 마무리한 경우
    ② 항공교통관제기관의 항공기 감시 장비에 근접충돌경고가 표시된 경우
    ③ 항공기가 유도로를 이탈한 경우
    ④ 항공기가 지상운항 중 다른 항공기나 장애물, 차량, 장비 등과 접촉 및 충돌한 경우

    해설) ② 비행중 항공안전장애 / ③ ④ 지상운항중 항공안전장애

37. 비행 중인 항공기와 무선통신 두절 시의 착륙하여 계류장으로 갈 것을 알리는 빛총 신호로 옳은 것은?
    ① 연속되는 붉은색
    ② 깜박이는 녹색
    ③ 깜박이는 붉은색
    ④ 깜박이는 흰색

    해설) 40p 참조

정답 : ④ ① ④

38. 팔꿈치를 구부려 막대를 가슴 높이에서 머리 높이까지 위 아래로 움직이는 요도신호로 옳은 것은?

① 정지

② 직진

③ 하강

④ 후진

해설) 42p 참조

39. 안전, 국방상 그 밖의 이유로 항공기의 비행을 금지하는 공역은?

① 군작전구역

② 비행제한구역

③ 비행금지구역

④ 위험구역

40. 공항운영자의 자체 보안계획 내용으로 틀린 것은?

① 항공보안에 관한 교육훈련

② 공항시설의 경비대책

③ 항공기에 대한 경비대책

④ 승객의 일치여부 확인 절차

해설) 항공기에 대한 경비대책은 항공운송사업자의 자체 보안계획 내용

정답 : ② ③ ③

41. 보호구역의 지정 장소로 틀린 것은?

① 출입국 심사장

② 세관 검사장

③ 활주로 및 계류장

④ 항공기 탑승교

42. 비행 전 항공운송사업자의 항공기 보안점검 사항으로 틀린 것은?

① 항공기의 외부 점검

② 항공기에 대한 출입 통제

③ 보안 통신신호 절차 및 방법

④ 승객 휴대물품에 대한 보안조치

해설) 승무원의 휴대물품에 대한 보안조치

43. 항공운송사업자가 탑승을 거절할 수 없는 상황으로 옳은 것은?

① 음주로 인한 소란을 피운 사람

② 보안검색을 거부한 사람

③ 운항승무원의 정당한 직무상 지시를 따르지 아니한 사람

④ 탑승수속 시 위협적인 행위를 하는 사람

해설) 기장의 정당한 직무상 지시를 따르지 아니한 사람

정답 : ④ ④ ③

44. 항공기의 중대한 손상, 파손 및 구조상 결함으로 보지 않는 것은?
   ① 덮개와 부품을 포함하여 한 개의 발동기의 고장
   ② 항공기에서 동기가 떨어져 나간 경우
   ③ 발동기의 덮개 구성품이 떨어져 나가면서 항공기를 손상시킨 경우
   ④ 고양장치 및 윙렛이 손실된 경우

45. 항공기사고로 사망, 중상의 범위로 옳은 것은?
   ① 손가락, 발가락의 간단한 골절
   ② 열상으로 인한 심한 출혈
   ③ 1도 이상의 화상
   ④ 신체표면의 3%를 초과하는 화상

46. 항공기의 등록 종류로 틀린 것은?
   ① 변경등록
   ② 이전등록
   ③ 말소등록
   ④ 특별등록

47. 항공기에 출입구가 있는 항공기의 등록기호표의 부착 방법으로 옳은 것은?
   ① 항공기 주 출입구 윗부분의 안쪽 가로7cm*세로5cm
   ② 항공기 주 출입구 윗부분의 안쪽 가로5cm*세로7cm
   ③ 항공기 동체의 외부 표면 가로5cm*세로7cm
   ④ 항공기 동체의 외부 표면 가로7cm*세로5cm

정답 : ① ② ④ ①

48. 특별감항증명 대상으로 틀린 것은?
   ① 군사 훈련에 사용하는 경우
   ② 산불 진화에 사용되는 경우
   ③ 정비 후 시험비행을 하는 경우
   ④ 판매, 전시, 홍보에 활용하는 경우

49. 사업용 조종사의 항공신체검사증명 유효기간 옳은 것은?
   ① 12개월   ② 24개월
   ③ 48개월   ④ 60개월

   해설) 20p 참조

50. 국외운항항공기의 운항 기준으로 틀린 것은?
   ① 최대이륙중량이 5,700KG 초과
   ② 2개 이상의 터빈발동기를 장착
   ③ 승객 좌석수가 9석을 초과
   ④ 3대 이상의 항공기를 운용하는 법인

   해설) 1개 이상의 터빈발동기(터보제트발동기 또는 터보팬발동기)를 장착한 비행기

51. 운항승무원의 연속되는 7일 동안의 최대근무시간으로 옳은 것은?
   ① 48시간   ② 52시간
   ③ 60시간   ④ 72시간

정답 : ① ① ② ③

52. 특별시계비행을 허가 받은 항공기 조종사의 비행방법으로 옳지 않은 것은?

① 비행시정을 1500미터 이상 유지

② 구름을 피하여 비행

③ 지표 또는 수면을 계속 볼 수 있는 상태로 비행

④ 허가받은 관제구 안을 비행할 것

해설) 허가받은 관제권 안을 비행할 것

53. 항공교통업무의 목적으로 옳지 않은 것은?

① 항공기 간의 충돌 방지

② 항공교통흐름의 질서유지

③ 항공산업의 발전

④ 항공기의 안전하고 효율적인 운항

해설) 항공교통업무의 목적

- 항공기 간의 충돌 방지
- 기동지역 안에서 항공기와 장애물 간의 충돌 방지
- 항공교통흐름의 질서유지 및 촉진
- 항공기의 안전하고 효율적인 운항을 위하여 필요한 조언 및 정보의 제공
- 수색·구조를 필요로 하는 항공기에 대한 관계기관에의 정보 제공 및 협조

정답 : ④ ③

54. 시계비행방식으로 비행하는 항공기의 최저비행고도 옳은 것은?
① 사람 또는 건물이 밀집된 지역의 상공에서는 항공기를 중심으로 수평거리 600미터 안의 지역에 있는 가장 높은 장애물의 상단에서 150미터의 고도
② 사람 또는 건물이 밀집된 지역의 상공에서는 항공기를 중심으로 수평거리 600미터 안의 지역에 있는 가장 높은 장애물의 상단에서 300미터의 고도
③ 사람 또는 건물이 밀집된 지역의 상공에서는 항공기를 중심으로 반지름 600미터 안의 지역에 있는 가장 높은 장애물의 상단에서 300미터의 고도
④ 사람 또는 건물이 밀집된 지역의 상공에서는 항공기를 중심으로 반지름 600미터 안의 지역에 있는 가장 높은 장애물의 상단에서 150미터의 고도

55. 승객 좌석 수가 162석인 항공기 객실의 객실승무원 수로 옳은 것은?
① 1명
② 2명
③ 3명
④ 4명

해설)

장착된 좌석 수	객실승무원 수
20석 이상 50석 이하	1명
51석 이상 100석 이하	2명
101석 이상 150석 이하	3명
151석 이상 200석 이하	4명
201석 이상	5명 (좌석 수 50석을 추가할때마다 1명씩 추가)

정답 : ② ④

56. 관할 공역 내의 항공기에 대한 요격을 인지한 항공교통업무기관의 조치방법으로 옳지 않은 것은?
    ① 피요격항공기의 조종사에게 요격 사실을 통보할 것
    ② 피요격항공기의 안전 확보에 필요한 조치를 할 것
    ③ 피요격항공기와 요격항공기 또는 요격통제기관 간의 의사소통을 중개할 것
    ④ 항공비상주파수 또는 그 밖의 가능한 주파수를 사용하여 요격항공기와 양방향 통신을 시도할 것

    해설) 항공비상주파수 또는 그 밖의 가능한 주파수를 사용하여 피요격항공기와 양방향 통신을 시도

57. 항공기 보안조치의 내용중 출입통제에 관한 대책수립 내용으로 옳지 않은 것은?
    ① 조종실 출입통제
    ② 탑승교의 출입통제
    ③ 항공기 출입문 보안조치
    ④ 경비요원의 배치

    해설) ① 조종실 출입문의 보안조치

58. 항공운송사업자의 국가항공보안 우발계획의 내용으로 틀린 것은?
    ① 항공기 납치시의 대응대책
    ② 항공기 납치 방지대책
    ③ 공항시설 위협시의 대응대책
    ④ 폭발물 또는 생화학무기 위협시의 대응대책

    해설) ① 공항운영자의 대책

정답 : ④ ① ①

59. 수감 중인 사람의 호송방법으로 틀린 것은?

　① 탑승절차를 별도로 마련할 것

　② 일반승객과 함께 좌석을 배치할 것

　③ 술을 제공하지 않을 것

　④ 철제 식기류를 제공하지 아니할 것

　해설) 호송대상자의 좌석은 승객의 안전에 위협이 되지 아니하도록 배치할 것

60. 항공기 출입통제에 대한 대책으로 옳은 것은?

　① 항공기 외부 점검

　② 위탁수하물 등 선적 감독

　③ 탑승계단의 관리

　④ 조종실 출입통제 절차

　해설) ①,② 비행전의 보안점검 / ④ 조종실 출입문의 보안조치

61. 항공기의 비행 금지행위로 틀린 것은?

　① 최저비행고도 위로의 비행

　② 물건의 투하 또는 살포

　③ 낙하산 강하

　④ 무인항공기의 비행

　해설) 최저비행고도 아래에서의 비행을 금지한다.

정답 : ② ③ ①

62. 항공기의 말소등록에 대한 설명이 틀린 것은?

① 소유자는 사유가 발생한 날로부터 15일 이내에 말소등록을 신청하여야 한다.

② 항공기의 존재여부를 3개월 이상 확인할 수 없는 경우

③ 항공기를 양도하거나 임대한 경우

④ 임차기간의 만료 등으로 항공기를 사용할 수 있는 권리가 상실된 경우

해설) 항공기의 존재여부를 1개월 이상 확인할 수 없는 경우

63. 항공기의 등록에 대한 설명으로 틀린 것은?

① 항공기의 등록사항이 변경되었을 때 발생일로 15일 내에 변경등록을 신청하여야 한다.

② 항공기의 소유권을 양도하는 자는 발생일로 15일 이내에 변경등록을 하여야 한다.

③ 항공기가 멸실되었을 때 발생일로 15일 이내에 말소등록을 신청하여야 한다.

④ 항공기를 등록한 경우 항공기 등록원부를 기록하여야 한다.

해설) 소유권을 양도하는 경우 이전등록 신청을 하여야 한다.

64. 탑재용 항공일지에 기록되는 내용 틀린 것은?

① 비행 연,월,일

② 수리 연,월,일

③ 승무원의 성명 및 업무

④ 비행시간

해설) 수리에 관한 사항은 지상비치용 항공일지에 기록.

정답 : ② ② ②

65. 항공운송사업에 사용되는 항공기 또는 국외운항항공기의 운항에 필요한 사항을 확인하는 항공 종사자로 옳은 것은?
    ① 운송용 조종사
    ② 사업용 조종사
    ③ 항공교통관제사
    ④ 운항관리사

66. 특별감항증명 대상으로 틀린 것은?
    ① 세관 및 경찰업무에 사용
    ② 연구, 개발 중인 경우
    ③ 무인항공기를 운항하는 경우
    ④ 산림 순찰에 사용되는 경우

67. 비행선의 등록부호 높이로 옳은 것은?
    ① 선체에 표시하는 경우 50cm 이상
    ② 선체에 표시하는 경우 30cm 이상
    ③ 수평안전판과 수직안전판에 표시하는 경우 50cm 이상
    ④ 수평안전판과 수직안전판에 표시하는 경우 30cm 이상

    해설) 수평안전판과 수직안전판에 표시하는 경우 15cm 이상

정답 : ④ ① ①

68. 항공기 등록에 제한이 있는 자로 옳은 것은?

① 지분의 2분의 1 이상을 소유하는 법인

② 지분의 3분의 1 이상을 소유하는 법인

③ 법인 등기사항증명서상의 내국인 대표자

④ 대한민국 국민

69. 통행의 우선순위로 옳은 것은?

① 헬리콥터는 비행기에 경로를 양보할 것

② 활공기는 헬리콥터에 경로를 양보할것

③ 비행선은 기구류에 경로를 양보할 것

④ 황공기는 비행기에 경로를 양보할것

해설) 통행의 우선순위

- 비행기·헬리콥터는 비행선, 활공기 및 기구류에 진로를 양보할 것
- 비행기·헬리콥터·비행선은 항공기 또는 그 밖의 물건을 예항(끌고 비행하는 것을 말한다)하는 다른 항공기에 진로를 양보할 것
- 비행선은 활공기 및 기구류에 진로를 양보할 것
- 활공기는 기구류에 진로를 양보할 것
  - 비상착륙하는 항공기를 인지한 항공기는 그 항공기에 진로를 양보하여야 한다.
  - 비행장 안의 기동지역에서 운항하는 항공기는 이륙 중이거나 이륙하려는 항공기에 진로를 양보하여야 한다.
  - 통행의 우선순위를 가진 항공기는 그 진로와 속도를 유지하여야 한다.

정답 : ① ③

70. 특별시계비행 중 이착륙 방법으로 옳은 것은?

① 지상시정이 1200m 이상일 것

② 활주로 시정이 1200m 이상일 것

③ 지상시정이 1500m 이상일 것

④ 활주로 시정이 1500m 이상일 것

해설) 특별시계비행을 하는 경우에는 이/착륙 기준
- 지상시정이 1,500미터 이상일 것
- 지상시정이 보고되지 아니한 경우에는 비행시정이 1,500미터 이상일 것

71. 장착된 좌석 수가 33개인 항공기에 탑승해야 하는 승무원의 인원으로 옳은 것은?

① 1명

② 2명

③ 3명

④ 4명

해설)

장착된 좌석 수	객실승무원 수
20석 이상 50석 이하	1명
51석 이상 100석 이하	2명
101석 이상 150석 이하	3명
151석 이상 200석 이하	4명
201석 이상	5명 (좌석 수 50석을 추가할때마다 1명씩 추가)

정답 : ③ ①

72. 공항시설 보호구역 지정 변경 신청 시 제출하는 내용으로 틀린 것은?
　① 보호구역의 변경사유
　② 보호구역의 지정목적
　③ 변경하려는 해당 도면
　④ 변경하려는 해당 출입통제 대책

　해설) 보호구역 지정승인 신청 시 지정목적을 제출한다.

73. 항공기취급업체의 자체 보안계획으로 옳은 것은?
　① 승객의 일치여부 확인
　② 항공보안검색요원의 운영계획
　③ 보안검색 기록의 작성
　④ 보호구역 출입증 관리대책

　해설) ① ② ③ 공항운영자의 자체 보안계획

74. 항공기 보안에 대한 사항으로 틀린 것은?
　① 범인의 인도, 인수 절차
　② 항공기 운항중 보안대책
　③ 승객의 일치여부 확인
　④ 기내 보안장비 운용절차

　해설) ③ 공항운영자의 보안 대책

정답 : ② ④ ③

75. 공역에 관한 설명으로 틀린 것은?
   ① 모든 항공기가 계기비행을 하는 공역을 A등급 공역이라 한다
   ② 시계비행을 하는 항공기 간에 교통정보만 제공되는 공역을 B등급 공역이라 한다.
   ③ 모든 항공기에 항공교통관제업무가 제공되는 공역을 B, C, D등급 공역이라 한다.
   ④ 모든 항공기에 비행정보업무만 제공되는 공역을 G등급 공역이라 한다.

   해설) 시계비행을 하는 항공기 간에 교통정보만 제공되는 공역을 C등급 공역이라 한다.

76. 50세 이상의 자가용 조종사의 항공신체검사 유효기간으로 옳은 것은?
   ① 60개월
   ② 48개월
   ③ 24개월
   ④ 12개월

77. 항공종사자 자격 조건으로 옳은 것은?
   ① 자가용 조종자는 만 17세 이상
   ② 자가용 조종사는 만 18세 이상
   ③ 운송용 조종사는 만 20세 이상
   ④ 사업용 조종사는 만 21세 이상

   해설)
   가. 자가용 조종사 자격: 17세(자가용 조종사의 자격증명을 활공기에 한정하는 경우에는 16세)
   나. 사업용 조종사, 부조종사, 항공사, 항공기관사, 항공교통관제사 및 항공정비사 자격: 18세
   다. 운송용 조종사 및 운항관리사 자격: 21세

   정답 : ② ④ ①

78. 8시간 이상 ~ 9시간 미만의 비행근무를 한 운항승무원의 최소 휴식시간으로 옳은 것은?
   ① 10시간
   ② 11시간
   ③ 12시간
   ④ 13시간

   해설)

비행근무시간	휴식시간
8시간 미만	10시간 이상
8시간 이상 ~ 9시간 미만	11시간 이상
9시간 이상 ~ 10시간 미만	12시간 이상
10시간 이상 ~ 11시간 미만	13시간 이상

79. 항공운송사업용 및 항공기사용사업용 항공기에 갖춰야 할 도끼의 수량으로 옳은 것은?
   ① 1개
   ② 2개
   ③ 3개
   ④ 4개

정답 : ② ①

80. 유도원이 유도봉을 쥔 양쪽 팔을 몸 쪽 측면에서 직각으로 뻗은 뒤 천천히 두 유도봉이 교차할 때 까지 머리위로 움직이는 신호로 옳은 것은?
   ① 정지
   ② 전진
   ③ 후진
   ④ 착륙

81. 다음 중 말소등록의 사유가 아닌 것은?
   ① 임차기간 만료로 항공기를 사용할 수 있는 권리가 상실되었을 때
   ② 사고가 난 항공기의 존재여부가 1개월 이상 불분명할 때
   ③ 항공기가 멸실되었을 때
   ④ 외국인에게 항공기가 양도되었을 때

해설)
① 소유자등은 등록된 항공기가 다음 각 호의 어느 하나에 해당하는 경우에는 그 사유가 있는 날부터 15일 이내에 대통령령으로 정하는 바에 따라 국토교통부장관에게 말소등록을 신청하여야 한다.
1. 항공기가 멸실(滅失)되었거나 항공기를 해체(정비등, 수송 또는 보관하기 위한 해체는 제외한다)한 경우
2. 항공기의 존재 여부를 1개월(항공기사고인 경우에는 2개월) 이상 확인할 수 없는 경우
3. 제10조제1항 각 호(1. 대한민국 국민이 아닌 사람, 2. 외국정부 또는 외국의 공공단체, 3. 외국의 법인 또는 단체, 4. 제1호부터 제3호까지의 어느 하나에 해당하는 자가 주식이나 지분의 2분의 1 이상을 소유하거나 그 사업을 사실상 지배하는 법인, 5. 외국인이 법인 등기사항증명서상의 대표자이거나 외국인이 법인 등기사항증명서상의 임원 수의 2분의 1 이상을 차지하는 법인의 어느 하나에 해당하는 자에게 항공기를 양도하거나 임대(외국 국적을 취득하는 경우만 해당한다)한 경우)의 어느 하나에 해당하는 자에게 항공기를 양도하거나 임대(외국 국적을 취득하는 경우만 해당한다)한 경우
4. 임차기간의 만료 등으로 항공기를 사용할 수 있는 권리가 상실된 경우

정답 : ① ②

82. 다음 중 특별감항증명의 대상이 아닌 것은?

① 항공기의 제작, 정비, 수리 또는 개조 후 시험비행을 하는경우

② 항공기의 설계에 관한 형식증명을 변경하기 위하여 운용한계를 초과하는 시험비행을 하는 경우

③ 항공기의 정비 또는 수리, 개조를 위한 장소까지 승객, 화물을 싣지 아니하고 비행을 하는 경우

④ 항공기를 수입하거나 수출하기 위하여 승객, 화물을 싣고 비행하는 경우

해설)

1. 항공기 및 관련 기기의 개발과 관련된 다음 각 목의 어느 하나에 해당하는 경우

   가. 항공기 제작자 및 항공기 관련 연구기관 등이 연구·개발 중인 경우

   나. 판매·홍보·전시·시장조사 등에 활용하는 경우

   다. 조종사 양성을 위하여 조종연습에 사용하는 경우

2. 항공기의 제작·정비·수리·개조 및 수입·수출 등과 관련한 다음 각 목의 어느 하나에 해당하는 경우

   가. 제작·정비·수리 또는 개조 후 시험비행을 하는 경우

   나. 정비·수리 또는 개조(이하 "정비등"이라 한다)를 위한 장소까지 승객·화물을 싣지 아니하고 비행하는 경우

   다. 수입하거나 수출하기 위하여 승객·화물을 싣지 아니하고 비행하는 경우

   라. 설계에 관한 형식증명을 변경하기 위하여 운용한계를 초과하는 시험비행을 하는 경우

83. 감항증명서를 반납하여야 하는 경우는?

① 항공기가 감항증명 당시의 항공기기술기준에 적합하지 아니하게 되었을 때

② 항공기를 운송하기 위해서 항공기를 해체하였을 때

③ 항공기에 정비 또는 수리를 요하는 상황이 발생하였을 때

④ 항공기가 사용되지 아니하고 6개월 이상의 기간동안 방치되었을 때

해설)

1. 거짓이나 그 밖의 부정한 방법으로 감항증명을 받은 경우

2. 항공기가 감항증명 당시의 항공기기술기준에 적합하지 아니하게 된 경우

정답 : ④ ①

84. 다음 중 항공기의 감항증명 검사 생략에 영향을 미치지 않는 것은?
   ① 소음기준적합증명
   ② 형식증명
   ③ 형식증명승인
   ④ 제작증명

   해설)
   1. 형식증명, 제한형식증명 또는 형식증명승인을 받은 항공기
   2. 제작증명을 받은 자가 제작한 항공기
   3. 항공기를 수출하는 외국정부로부터 감항성이 있다는 승인을 받아 수입하는 항공기

85. 자가용 조종사 자격증명을 받은 사람이 같은 종류의 항공기에 대하여 부조종사 또는 사업용 조종사의 자격증명을 새로 받은 경우 종전에 가지고 있던 한정사항의 효력에 대해 올바르게 설명한 것은?
   ① 자가용 조종사 자격증명에서 받은 항공기의 등급 한정은 다른 등급의 사업용 조종사 자격 자격증명에서도 유효하다.
   ② 자가용 조종사 자격증명에서 받은 한정사항들은 자가용 조종사 자격증명에서만 유효하다.
   ③ 자가용 조종사 자격증명에서 받은 조종교육증명은 부조종사 자격증명에서도 유효하다.
   ④ 자가용 조종사 자격증명에서 받은 항공기의 형식 한정은 부조종사 자격증명에서도 유효하다.

   해설)
   자가용 조종사 자격증명을 받은 사람이 같은 종류의 항공기에 대하여 부조종사 또는 사업용 조종사의 자격증명을 받은 경우에는 종전의 자가용 조종사 자격증명에 관한 항공기 형식의 한정 또는 계기비행증명에 관한 한정은 새로 받은 자격증명에도 유효하다.

정답 : ① ④

86. "관제구(管制區)"에 대한 정의로 올바른 것은?
    ① 국토교통부장관이 항공교통의 안전을 위하여 지정하는 비행장 또는 공항과 그 주변의 공역으로서 지표면 또는 수면으로부터 200m 이상 높이의 공역
    ② 지표면 또는 수면으로부터 200미터 이상 높이의 공역으로서 항공교통의 안전을 위하여 국토교통부장관이 지정·공고한 공역
    ③ 국토교통부장관이 항공기의 항행에 적합하다고 지정한 지구의 표면상에 표시한 200m 이상 높이의 공역
    ④ 항공기의 안전운항을 위하여 비행장 주변에 장애물의 설치 등이 제한되는 200m 이상 높이의 공역

    해설) "관제구"(管制區)란 지표면 또는 수면으로부터 200미터 이상 높이의 공역으로서 항공교통의 안전을 위하여 국토교통부장관이 지정·공고한 공역을 말한다.

87. 다음 중 항공기준사고의 범위가 아닌 것은?
    ① 다른 항공기와의 충돌위험이 있었던 것으로 판단되는 500ft 미만의 근접비행
    ② 운항승무원에 의한 비상용 산소의 시용이 요구되는 상황발생
    ③ 이륙 또는 초기 상승 중 규정된 성능에 도달 실패
    ④ 운항 중 엔진 덮개가 풀리거나 이탈한 경우

88. 다음 중에서 항행안전무선시설은?
    ① 자동종속감시시설
    ② 단거리이동통신시설
    ③ 단파이동통신시설
    ④ 항공고정통신시스템

정답 : ② ④ ①

89. 착륙대에 대한 정의로 맞는 것은?
    ① 항공기의 안전운항을 위하여 비행장 주변에 장애물의 설치 등이 제한되는 지표면 또는 수면
    ② 활주로 주변에 설치하는 안전지대로서 국토교통부령으로 정하는 크기로 이루어지는 활주로 중심선에 중심을 두는 직사각형의 지표면 또는 수면
    ③ 항공기의 이륙, 착륙을 위하여 사용되는 육지 또는 수면의 일정한 구역
    ④ 특정방향으로 설치된 비행장 내의 안전구역

    해설) "착륙대"(着陸帶)란 활주로와 항공기가 활주로를 이탈하는 경우 항공기와 탑승자의 피해를 줄이기 위하여 활주로 주변에 설치하는 안전지대로서 국토교통부령으로 정하는 크기로 이루어지는 활주로 중심선에 중심을 두는 직사각형의 지표면 또는 수면을 말한다.

90. 항공법에서 정한 항행안전시설의 정의에 대한 설명 중 맞는 것은?
    ① 전파, 불빛, 색채, 소리 또는 형상에 의하여 항공기의 항행을 돕기 위한 시설
    ② 유·무선통신, 인공위성, 불빛, 색채 또는 전파에 의하여 항공기의 항행을 돕기 위한 시설
    ③ 야간이나 계기비행 기상상태에서 항공기의 위치결정 및 이륙 또는 착륙을 돕기 위한 시설
    ④ 야간이나 계기비행 기상상태 및 시계비행 기상상태에서 항공기의 항행을 돕기 위한 시설

    해설) "항행안전시설" 이란 유선통신, 무선통신, 인공위성, 불빛, 색채 또는 전파(電波)를 이용하여 항공기의 항행을 돕기 위한 시설로서 국토교통부령으로 정하는 시설을 말한다.

91. 비행장의 위치를 알려주기 위하여 모르스 부호에 따라 명멸하는 등화는?
    ① 비행장식별등대
    ② 비행장등대
    ④ 항공로등대
    ④ 신호항공등대

    해설) 비행장식별등대(Aerodrome Identification Beacon): 항행 중인 항공기에 공항, 비행장의 위치를 알려주기 위해 모르스부호에 따라 명멸(明滅)하는 등화.

정답: ② ② ①

92. 다음 중 전파에 의하여 항공기의 항행을 돕기 위한 항행안전시설은?
    ① 항행안전무선시설
    ② 항공정보통신시설
    ③ 항공관제통신시설
    ④ 항공종합통신망

93. 공항시설 중 지원시설에 해당하는 것은?
    ① 이용객 홍보 및 안내시설
    ② 기상관측시설
    ③ 공항이용객 주차시설 및 경비보안시설
    ④ 항공기 급유 및 유류저장, 관리시설

정답 : ① ④

94. 활주로의 진입경로를 알려주기 위하여 진입로를 따라 집단으로 설치되는 등화는?

   ① 진입각 지시등

   ② 활주로등

   ③ 활주로유도등

   ④ 활주로경계등

95. 계기접근에 있어서 진입구역의 길이는?

   ① 3,000m

   ② 5,000m

   ③ 10,000m

   ④ 15,000m

   해설) "장애물 제한표면의 기준"

   진입표면(활주로 시단 또는 착륙대 끝의 앞에 있는 경사도를 갖는 표면을 말한다) 입표면의 경사도는 수평으로 1만5천미터 이하에서 50분의 1이상 범위에서 다음과 같이 해야 한다.

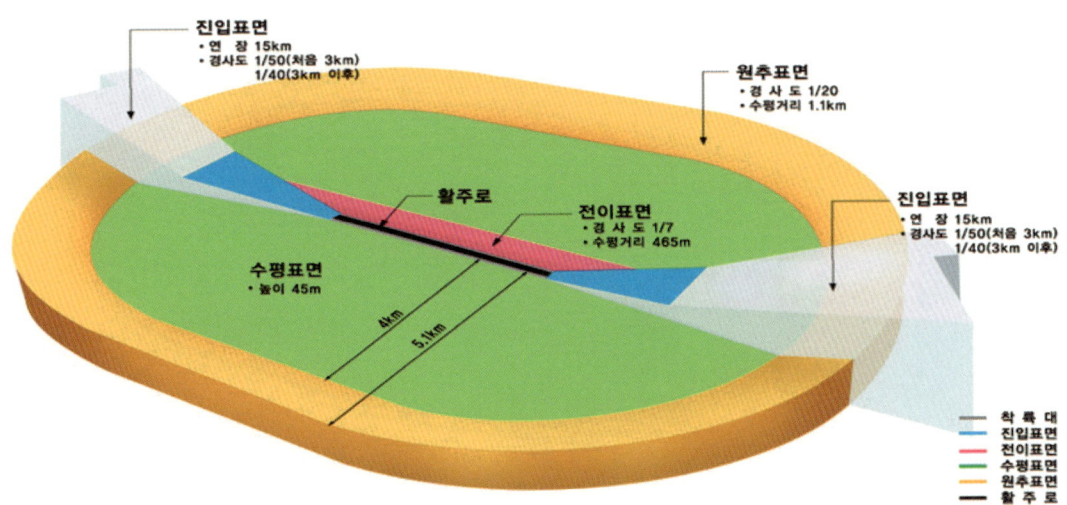

정답 : ③ ④

96. 다음 중 항공기 변경등록에 해당하는 것은?

① 항공기 소유권 변경

② 항공기 형식 변경

③ 항공기 등록기호 변경

④ 항공기 용도의 변경

해설)

항공안전법 제13조(항공기 변경등록)

소유자등은 제11조제1항제4호 또는 제5호의 등록사항이 변경되었을 때에는 그 변경된 날부터 15일 이내에 대통령령으로 정하는 바에 따라 국토교통부장관에게 변경등록을 신청하여야 한다.

항공안전법제11조(항공기 등록사항)

① 국토교통부장관은 제7조에 따라 항공기를 등록한 경우에는 항공기 등록원부(登錄原簿)에 다음 각 호의 사항을 기록하여야 한다.

1. 항공기의 형식

2. 항공기의 제작자

3. 항공기의 제작번호

4. 항공기의 정치장(定置場)

5. 소유자 또는 임차인·임대인의 성명 또는 명칭과 주소 및 국적

6. 등록 연월일

7. 등록기호

정답 : ②

97. 해발 3,050m(10,000ft) 이상의 B, C, D, E, F 및 G등급 공역에서 양호한 시계비행 기상상태인 구름으로부터의 거리는?
   ① 미적용
   ② 구름을 피할수 있는 거리
   ③ 구름으로부터 수평으로 1,500m, 수직으로 300m 이상
   ④ 구름으로부터 수평으로 1,000m, 수직으로 300m 이상

   해설) "시계상의 양호한 기상상태(제175조 관련)"
   구름으로부터의 거리는 해발 900미터(3,000피트) 또는 장애물 상공 300미터(1,000피트) 중 높은 고도 이하 F 및 G등급 공역을 제외하고 모두 수평으로 1,500미터, 수직으로 300미터(1,000피트) 이다. 해발 900미터(3,000피트) 또는 장애물 상공 300미터(1,000피트) 중 높은 고도 이하 F 및 G등급 공역에서는 지표면 육안 식별 및 구름을 피할 수 있는 거리.

98. 운송용 조종사가 할 수 있는 업무범위가 아닌 것은?
   ① 자가용 조종사의 자격을 가진 자가 할 수 있는 행위
   ② 항공기사용사업에 사용하는 항공기를 조종하는 행위
   ④ 항공운송사업의 목적을 위하여 사용하는 항공기를 조종하는 행위
   ④ 조종교육에 사용하는 항공기를 조종하는 행위

   해설) - 운송용 조종사
   항공기에 탑승하여 다음 각 호의 행위를 하는 것
   1. 사업용 조종사의 자격을 가진 사람이 할 수 있는 행위
   2. 항공운송사업의 목적을 위하여 사용하는 항공기를 조종하는 행위
   - 사업용 조종사
   항공기에 탑승하여 다음 각 호의 행위를 하는 것
   1. 자가용 조종사의 자격을 가진 사람이 할 수 있는 행위
   2. 무상으로 운항하는 항공기를 보수를 받고 조종하는 행위
   3. 항공기사용사업에 사용하는 항공기를 조종하는 행위
   4. 항공운송사업에 사용하는 항공기(1명의 조종사가 필요한 항공기만 해당한다)를 조종하는 행위
   5. 기장 외의 조종사로서 항공운송사업에 사용하는 항공기를 조종하는 행위

   정답 : ③ ④

99. 자격증명별 업무범위 및 자격증명의 한정에 대한 설명 중 틀린 것은?
   ① 운송용조종사 면허가 있으면 사업용조종사가 할 수 있는 조종을 할 수 있다.
   ② 사업용조종사 면허가 있으면 자가용조종사가 할 수 있는 조종을 할 수 있다.
   ③ 중급활공기 면허가 있으면 초급활공기도 조종할 수 있다.
   ④ 육상다발 면허가 있으면 육상단발도 조종할 수 있다.

100. 다음 중 조종사가 형식한정을 받아야 하는 경우는?
   ① 최대이륙중량 5,700kg 을 초과하는 항공기
   ② 1명의 조종사로 운항이 허가된 헬리콥터
   ③ 2명 이상의 조종사가 필요한 항공기
   ④ 지방항공청장이 지정하는 형식의 항공기

   해설)
   1. 비행교범에 2명 이상의 조종사가 필요한 것으로 되어 있는 항공기
   2. 가목 외에 국토교통부장관이 지정하는 형식의 항공기

101. 주의공역 중 많은 조종사들의 훈련 등 비정상적인 항공활동이 일어날 수 있는 공역은?
   ① 군작전공역
   ② 훈련공역
   ③ 위험공역
   ④ 경계구역

정답 : ④ ③ ④

102. 공역위원회의 위원장이 될 수 있는 자는?
　　① 국방부장관
　　② 국토교통부 항공업무를 담당하지 않는 일반직공무원
　　③ 국토교통부장관
　　④ 국토교통부 항공업무 담당 고위공무원

　　해설) 공역위원회의 구성
　　　　1. 법 제80조제1항에 따른 공역위원회(이하 "위원회"라 한다)는 위원장 1명과 부위원장 1명을 포함하여 15명 이내의 위원으로 구성한다.
　　　　2. 위원회의 위원장은 국토교통부의 항공업무를 담당하는 고위공무원단에 속하는 일반직공무원 중 국토교통부장관이 지명하는 사람이 되고, 부위원장은 제3항 제1호의 위원 중에서 위원장이 지명하는 사람이 된다.

103. 다음 중 항공기 비치 서류가 아닌 것은?
　　① 형식증명서
　　② 등록증명서
　　③ 감항증명서
　　④ 탑재용 항공일지

104. 비행기 운송용 조종사 자격증명시험에 응시하기 위해 필요한 계기비행 시간은?
　　① 75시간
　　② 100시간
　　③ 200시간
　　④ 250시간

　　해설)
　　75시간 이상의 기장 또는 기장 외의 조종사로서의 계기비행경력(30시간의 범위 내에서 지방항공청장이 지정한 모의비행장치를 이용한 계기비행경력을 인정한다)

정답 : ④ ① ①

105. 항공기의 기장은 항공기를 출발시키거나 계획을 변경하고자 하는 경우 누구의 승인을 얻어야 하는가?
   ① 국토교통부장관
   ② 지방항공청장
   ③ 운항관리사
   ④ 항공교통관제사

   해설) 운항관리사를 두어야 하는 자가 운항하는 항공기의 기장은 그 항공기를 출발시키거나 비행계획을 변경하려는 경우에는 운항관리사의 승인을 받아야 한다.

106. 여압장치가 없는 항공기의 기내 대기압이 620hPa 미만인 비행고도에서 비행하는 경우 필요로 하는 산소의 양은?
   ① 승객 전원과 승무원 전원이 비행고도 등 비행환경에 따라 적합하게 필요로 하는 양
   ② 승객 전원과 승무원 전원이 해당 비행시간 동안 필요로 하는 양
   ③ 승객 전원과 승무원 전원이 최소한 10분 이상 사용할 수 있는 양
   ④ 승객 10%와 승무원 전원이 그 초과되는 시간 동안 필요로 하는 양

   해설) 산소 저장 및 분배장치
   1. 기내의 대기압이 700헥토파스칼(hPa) 미만 620헥토파스칼(hPa) 이상인 비행고도에서 30분을 초과하여 비행하는 경우에는 승객의 10퍼센트와 승무원 전원이 그 초과되는 비행시간 동안 필요로 하는 양
   2. 기내의 대기압이 620헥토파스칼(hPa) 미만인 비행고도에서 비행하는 경우에는 승객 전원과 승무원 전원이 해당 비행시간 동안 필요로 하는 양

정답 : ③ ②

107. 항공기 운항시 방사선투사량계기가 필요한 고도는?

　① 10,000m(33,000ft)

　② 15,000m(49,000ft)

　③ 20,000m(66,000ft)

　④ 25,000m(82,000ft)

해설) 항공안전법 시행규칙 제116조(방사선투사량계기)

　① 법 제52조제2항에 따라 항공운송사업용 항공기 또는 국외를 운항하는 비행기가 평균해면으로부터 1만 5천미터(4만9천피트)를 초과하는 고도로 운항하려는 경우에는 방사선투사량계기(Radiation Indicator) 1기를 갖추어야 한다.

　② 제1항에 따른 방사선투사량계기는 투사된 총 우주방사선의 비율과 비행 시마다 누적된 양을 계속적으로 측정하고 이를 나타낼 수 있어야 하며, 운항승무원이 측정된 수치를 쉽게 볼 수 있어야 한다.

108. 정밀접근시설의 활주로 가시범위(RVR)로 틀린 것은?

　① CAT I 의 경우 550m 이상

　② CAT II 의 경우 300m 이상 550m 미만

　③ CAT lll a 의 경우 175m 이상 300m 미만

　④ CAT lll b 의 경우 75m 이상 175m 미만

해설) 항공안전법 시행규칙 제177조(계기 접근 및 출발 절차 등)

종류		결심고도 (Decision Height/DH)	시정 또는 활주로 가시범위 (Visibility or Runway Visual Range/RVR)
A형(Type A)		75미터(250피트)이상 *결심고도가 없는 경우 최저강하고도를 적용	해당 사항 없음
B형 (Type B)	1종 (Category I)	60미터(200피트)이상 75미터(250피트)미만	시정 800미터(1/2마일) 또는 RVR 550미터 이상
	2종 (Category II)	30미터(100피트)이상 60미터(200피트)미만	RVR 300미터 이상 550미터 미만
	3종 (Category III-A)	30미터(100피트)미만 또는 적용하지 아니함(No DH)	RVR 175미터 이상 300미터 미만
	3종 (Category III-B)	15미터(50피트)미만 또는 적용하지 아니함(No DH)	RVR 50미터 이상 175미터 미만
	3종 (Category III-C)	적용하지 아니함(No DH)	적용하지 아니함(No RVR)

정답 : ② ④

109. 계기비행방식으로 비행하는 비행기에 필수로 장착해야하는 계기가 아닌 것은?

① 안정성 유지시템

② 선회 및 경사지시계

③ 외기온도계

④ 시계

해설) "항공계기 등의 기준(제117조제1항관련)"

110. 계기비행의 자격을 유지하기 위해 필요한 최근의 계기비행 요구량은?

① 6개월 이전에 6시간 이상

② 3개월 이전에 6시간 이상

③ 6개월 이전에 3시간 이상

④ 3개월 이전에 3시간 이상

해설) 항공안전법 시행규칙 제124조(계기비행의 경험)

① 법 제55조에 따라 계기비행을 하려는 조종사는 계기비행을 하려는 날부터 계산하여 그 이전 6개월까지의 사이에 6회 이상의 계기접근과 6시간 이상의 계기비행(모의계기비행을 포함한다)을 한 경험이 있어야 한다.

② 제1항의 비행경험을 산정하는 경우 제91조제2항에 따라 지방항공청장의 지정을 받은 모의비행장치를 조작한 경험은 제1항의 비행경험으로 본다.

③ 제1항에도 불구하고 국토교통부장관이 제1항의 비행경험과 같은 수준 이상의 비행경험이 있다고 인정하는 조종사는 계기비행업무에 종사할 수 있다.

정답 : ① ①

111. 기장이 항공기 출발전 확인 및 점검하여야 할 사항이 아닌 것은?

① 항공일지
② 기상정보
③ 승객 및 승무원 명단
④ 지상시운전 점검

해설) 제136조(출발 전의 확인)

① 법 제62조제2항에 따라 기장이 확인하여야 할 사항은 다음 각 호와 같다.
1. 해당 항공기의 감항성 및 등록 여부와 감항증명서 및 등록증명서의 탑재
2. 해당 항공기의 운항을 고려한 이륙중량, 착륙중량, 중심위치 및 중량분포
3. 예상되는 비행조건을 고려한 의무무선설비 및 항공계기 등의 장착
4. 해당 항공기의 운항에 필요한 기상정보 및 항공정보
5. 연료 및 오일의 탑재량과 그 품질
6. 위험물을 포함한 적재물의 적절한 분배 여부 및 안정성
7. 해당 항공기와 그 장비품의 정비 및 정비 결과
8. 그 밖에 항공기의 안전 운항을 위하여 국토교통부장관이 필요하다고 인정하여 고시하는 사항

② 기장은 제1항제7호의 사항을 확인하는 경우에는 다음 각 호의 점검을 하여야 한다.
1. 항공일지 및 정비에 관한 기록의 점검
2. 항공기의 외부 점검
3. 발동기의 지상 시운전 점검
4. 그 밖에 항공기의 작동사항 점검

112. 음주 혈중 알콜 농도 제한치는?

① 0.01%
② 0.02%
③ 0.03%
④ 0.05%

정답 : ③ ②

113. 통행의 우선순위와 진로의 양보에 대한 설명으로 맞는것은?

① 기구류는 비행선에 진로를 양보한다.

② 비행기는 물건을 예항하는 항공기에 진로를 양보한다.

③ 착륙을 위하여 접근중인 항공기보다 낮은 고도에 있는 항공기에 진로의 우선권이 있다.

④ 높은 고도에 있는 항공기가 낮은 고도에 있는 항공기보다 진로의 우선권이 있다.

해설) 항공안전법 시행규칙 제166조(통행의 우선순위)

① 법 제67조에 따라 교차하거나 그와 유사하게 접근하는 고도의 항공기 상호간에는 다음 각 호에 따라 진로를 양보하여야 한다.

1. 비행기·헬리콥터는 비행선, 활공기 및 기구류에 진로를 양보할 것

2. 비행기·헬리콥터·비행선은 항공기 또는 그 밖의 물건을 예항(曳航)하는 다른 항공기에 진로를 양보할 것

3. 비행선은 활공기 및 기구류에 진로를 양보할 것

4. 활공기는 기구류에 진로를 양보할 것

5. 제1호부터 제4호까지의 경우를 제외하고는 다른 항공기를 우측으로 보는 항공기가 진로를 양보할 것

② 비행 중이거나 지상 또는 수상에서 운항 중인 항공기는 착륙 중이거나 착륙하기 위하여 최종접근 중인 항공기에 진로를 양보하여야 한다.

③ 착륙을 위하여 비행장에 접근하는 항공기 상호간에는 높은 고도에 있는 항공기가 낮은 고도에 있는 항공기에 진로를 양보하여야 한다. 이 경우 낮은 고도에 있는 항공기는 최종 접근단계에 있는 다른 항공기의 전방에 끼어들거나 그 항공기를 추월해서는 아니 된다.

④ 제3항에도 불구하고 비행기, 헬리콥터 또는 비행선은 활공기에 진로를 양보하여야 한다.

⑤ 비상착륙하는 항공기를 인지한 항공기는 그 항공기에 진로를 양보하여야 한다.

⑥ 비행장 안의 기동지역에서 운항하는 항공기는 이륙 중이거나 이륙하려는 항공기에 진로를 양보하여야 한다.

정답 : ②

114. 기장이 아닌 조종사의 운항자격 인정을 위한 심사항목은?

① 지역, 노선 및 공항

② 경험

③ 지식

④ 기량

해설) 제136조(출발 전의 확인)

① 법 제62조제2항에 따라 기장이 확인하여야 할 사항은 다음 각 호와 같다.

1. 해당 항공기의 감항성 및 등록 여부와 감항증명서 및 등록증명서의 탑재

2. 해당 항공기의 운항을 고려한 이륙중량, 착륙중량, 중심위치 및 중량분포

3. 예상되는 비행조건을 고려한 의무무선설비 및 항공계기 등의 장착

4. 해당 항공기의 운항에 필요한 기상정보 및 항공정보

5. 연료 및 오일의 탑재량과 그 품질

6. 위험물을 포함한 적재물의 적절한 분배 여부 및 안정성

7. 해당 항공기와 그 장비품의 정비 및 정비 결과

8. 그 밖에 항공기의 안전 운항을 위하여 국토교통부장관이 필요하다고 인정하여 고시하는 사항

② 기장은 제1항제7호의 사항을 확인하는 경우에는 다음 각 호의 점검을 하여야 한다.

1. 항공일지 및 정비에 관한 기록의 점검

2. 항공기의 외부 점검

3. 발동기의 지상 시운전 점검

4. 그 밖에 항공기의 작동사항 점검

정답 : ③

115. 비행장 이외의 장소에서 이륙하거나 착륙하기 위해서는 누구의 허가를 받아야 하는가?

① 국토교통부장관

② 해당 시·도지사

③ 지방항공청장

④ 항공교통본부장

해설) 항공안전법 제63조(기장 등의 운항자격)

① 다음 각 호의 어느 하나에 해당하는 항공기의 기장은 지식 및 기량에 관하여, 기장 외의 조종사는 기량에 관하여 국토교통부장관의 자격인정을 받아야 한다.

1. 항공운송사업에 사용되는 항공기
2. 항공기사용사업에 사용되는 항공기 중 국토교통부령으로 정하는 업무에 사용되는 항공기
3. 국외운항항공기

정답: ④

116. 공역에서의 비행속도 유지에 대한 다음 설명 중 틀린 것은?

① 지표면으로부터 750m(2,500피트)를 초과하고, 평균해면으로부터 3,050m(1만피트) 미만의 고도에서는 지시대기속도 250노트 이하

② C 또는 D 등급 공역 내의 공항으로부터 반지름 7.4km(4해리) 내의 지표면으로부터 750m(2,500피트)의 고도까지는 지시대기속도 200노트 이하

③ B등급 공역 중 공항별로 국토교통부장관이 고시하는 범위와 고도의 구역에서는 지시대기속도 200노트 이하

④ B등급 공역을 통과하는 시계비행로에서는 지시대기속도 200노트 이하

해설) 항공안전법 시행규칙 제169조(비행속도의 유지 등)

① 법 제67조에 따라 항공기는 지표면으로부터 750미터(2,500피트)를 초과하고, 평균해면으로부터 3,050미터(1만피트) 미만인 고도에서는 지시대기속도 250노트 이하로 비행하여야 한다. 다만, 관할 항공교통관제기관의 승인을 받은 경우에는 그러하지 아니하다.

② 항공기는 별표 23 제1호에 따른 C 또는 D등급 공역에서는 공항으로부터 반지름 7.4킬로미터(4해리) 내의 지표면으로부터 750미터(2,500피트)의 고도 이하에서는 지시대기속도 200노트 이하로 비행하여야 한다. 다만, 관할 항공교통관제기관의 승인을 받은 경우에는 그러하지 아니하다.

③ 항공기는 별표 23 제1호에 따른 B등급 공역 중 공항별로 국토교통부장관이 고시하는 범위와 고도의 구역 또는 B등급 공역을 통과하는 시계비행로에서는 지시대기속도 200노트 이하로 비행하여야 한다.

④ 최저안전속도가 제1항부터 제3항까지의 규정에 따른 최대속도보다 빠른 항공기는 그 항공기의 최저안전속도로 비행하여야 한다.

정답 : ①

117. 비행장 교통장주(AERODROME TRAFFIC CIRCUIT)의 정의로 맞는 것은?

① 항공기의 이륙 및 착륙을 위하여 사용되는 경로

② 비행장 교통의 보호를 위하여 공항 주위에 설정한 일정한 범위의 경로

③ 항공교통업무의 제공을 위하여 일정한 방향으로 비행하도록 설정되어 있는 경로

④ 비행장 주변에서 운항하는 항공기를 위하여 설정된 특정 경로

해설) 국토교통부고시 제2015-410호 "항공교통관제절차"

AERODROME TRAFFIC CIRCUIT(비행장 교통장주) : 비행장주변에서 운항하는 항공기를 위하여 설정된 특정 경로

118. B747(발동기 4개) 항공기가 RKSI에서 출발해서 KLAX를 간다고 할 때, 목적지공항의 기상은 CAVOK이며 이륙공항은 최저착륙치 미만일 경우 교체비행장 지정으로 맞는 것은?

① 1개의 발동기가 작동하지 아니할 때의 순항속도로 출발비행장으로부터 1시간 거리 이내의 이륙교체비행장

② 모든 발동기가 작동할 때의 순항속도로 출발비행장으로부터 1시간 거리 이내의 항로교체비행장

③ 1개의 발동기가 작동하지 아니할 때의 순항속도로 출발비행장으로부터 2시간 거리 이내의 이륙교체비행장

④ 모든 발동기가 작동할 때의 순항속도로 출발비행장으로부터 2시간의 비행거리 이내의 이륙교체비행장

정답 : ③ ④

119. 요격시 WILCO의 의미는?

① Understood will comply

② Unable to comply

③ Position unknown

④ Repeat your instruction

해설) 항공안전법 시행규칙 [별표 26] "신호(제194조 관련)"

WILCO: Understood Will comply

'~에 따른다'는 의미의 will comply 의 약어

Roger wilco : '접수, 지시하는 대로 따르겠다' 의미

120. 국제민간항공조약 부속서 중 항공규칙에 관한 기준을 정한 것은?

① 부속서(Annex) 2

② 부속서(Annex) 3

③ 부속서(Annex) 5

④ 부속서(Annex) 10

해설) 국제민간항공조약(시카고)의 부속서(Annex)는 총 19개로 구성

정답 : ① ①

121. 항공장애 표시등으로 틀린 것은?

① 저광도 표시등

② 중광도 표시등

③ 고광도 표시등

④ 초광도 표시등

해설) 표시등의 종류와 성능

종류\성능	색채	신호형태 (섬광주기, 분당섬광/fpm)	배경휘도별 최고광도(cd) (b) 500cd/m² 이상 (주간)	50-500cd/m² (박명)	50cd/m² 미만 (야간)	광배분표 (d)
저광도 A형태 (고정표시등)	붉은색	고정	비해당	비해당	10	표 1
저광도 B형태 (고정표시등)	붉은색	고정	비해당	비해당	32	
저광도 C형태 (이동표시등)	노란색/파란색(a)	섬광 (60~90fpm)	비해당	40	40	
저광도 D형태 (지상유도 차량)	노란색	섬광 (60~90fpm)	비해당	200	200	
저광도 E형태	붉은색	섬광 (C)	비해당	비해당	32	
중광도 A형태	흰색	섬광 (20~60fpm)	20000	20000	2000	표 2
중광도 B형태	붉은색	섬광 (20~60fpm)	비해당	비해당	2000	
중광도 C형태	붉은색	고정	비해당	비해당	2000	
고광도 A형태	흰색	섬광 (40~60fpm)	200000	20000	2000	
고광도 B형태	흰색	섬광 (40~60fpm)	100000	20000	2000	

122. 직권을 남용하여 항공기 안에 있는 자에 대하여 의무없는 일을 시키거나 권리의 행사를 방해한 기장에 대한 처벌은?

① 1년 이상 3년 이하의 징역

② 1년 이상 5년 이하의 징역

③ 1년 이상 10년 이하의 징역

④ 3년 이하의 징역

해설) 항공안전법 제142조(기장 등의 탑승자 권리행사 방해의 죄)

① 직권을 남용하여 항공기에 있는 사람에게 그의 의무가 아닌 일을 시키거나 그의 권리행사를 방해한 기장 또는 조종사는 1년 이상 10년 이하의 징역에 처한다.

② 폭력을 행사하여 제1항의 죄를 지은 기장 또는 조종사는 3년 이상 15년 이하의 징역에 처한다.

정답 : ④ ③

123. 항공기 운항 중 기내에서 발생한 범죄 및 기타 행위에 대한 재판의 주체가 되는 국가는?
① 체약국
② 관할국
③ 관할국 및 체약국
④ 등록국

해설) 항공기내에서 행한 범죄 및 기타 행위에 관한 협약
제3조
1. 항공기의 등록국은 동 항공기내에서 범하여진 범죄나 행위에 대한 재판관할권을 행사할 권한을 가진다.
2. 각 체약국은 자국에 등록된 항공기내에서 범하여진 범죄에 대하여 등록국으로서의 재판관할권을 확립하기 위하여 필요한 조치를 취하여야 한다.
3. 본 협약은 국내법에 따라 행사하는 어떠한 형사재판관할권도 배제하지 아니한다.

124. 요격시 요격항공기의 따라오라는 신호에 '알았다. 지시를 따르겠다.' 라는 피요격항공기의 응신으로 맞는 것은?
① 날개를 흔들고 항행등을 불규칙적으로 점멸시킨 후 요격항공기의 뒤를 따라간다.
② 바퀴다리를 내리고 고정착륙등을 킨 상태로 요격항공기의 뒤를 따라간다.
③ 항공기의 보조익 또는 방향타를 움직이고 요격항공기의 뒤를 따라간다.
④ 날개를 흔들고 요격항공기의 뒤를 따라간다.

125. 직권을 남용하여 항공기 안에 있는 자에 대하여 의무없는 일을 시키거나 권리의 행사를 방해한 기장에 대한 처벌은?
① 1년 이상 3년 이하의 징역
② 1년 이상 5년 이하의 징역
③ 1년 이상 10년 이하의 징역
④ 6개월 이상 3년 이하의 징역

해설) 항공안전법 제142조(기장 등의 탑승자 권리행사 방해의 죄)
① 직권을 남용하여 항공기에 있는 사람에게 그의 의무가 아닌 일을 시키거나 그의 권리행사를 방해한 기장 또는 조종사는 1년 이상 10년 이하의 징역에 처한다.
② 폭력을 행사하여 제1항의 죄를 지은 기장 또는 조종사는 3년 이상 15년 이하의 징역에 처한다. 〈개정 2017. 10. 24.〉

정답 : ④ ① ③

126. 관제탑과 지상에 있는 항공기와의 무선통신이 두절된 경우, 관제탑에서 보내는 연속되는 녹색신호의 의미는?

① 지상이동을 허가함

② 이륙을 허가함

③ 사용중인 착륙지역으로부터 벗어날 것

④ 활주로 또는 유도로에서 벗어날 것

해설) 무선통신 두절 시의 연락방법

　가. 빛총신호

신호의 종류	의 미		
	비행 중인 항공기	지상에 있는 항공기	차량·장비 및 사람
연속되는 녹색	착륙을 허가함	이륙을 허가함	-
연속되는 붉은색	다른항공기에 진로를 양보하고 계속 선회할 것	정지할 것	정지할 것
깜박이는 녹색	착륙을 준비할 것 (착륙 및 지상유도를 위한 허가가 뒤이어 발부)	지상 이동을 허가함	통과하거나 진행할 것
깜박이는 붉은색	비행장이 불안전하니 착륙하지 말 것	사용 중인 착륙지역 으로부터 벗어날 것	활주로 또는 유도로 에서 벗어날 것
깜박이는 흰색	착륙하여 계류장으로 갈 것	비행장 안의 출발지점으로 돌아갈 것	비행장 안의 출발지점으로 돌아갈 것

　나. 항공기의 응신

1) 비행중인 경우

　　가) 주간: 날개를 흔든다. 다만, 최종 선회구간(base leg) 또는 최종 접근구간(final leg)에 있는 항공기의 경우에는 그러하지 아니하다.

　　나) 야간: 착륙등이 장착된 경우에는 착륙등을 2회 점멸하고, 착륙등이 장착되지 않는 경우에는 항행동을 2회 점멸한다.

2) 지상에 있는 경우

　　가) 주간: 항공기의 보조익 또는 방향타를 움직인다.

　　나) 야간: 착륙등이 장착된 경우에는 착륙등을 2회 점멸하고, 착륙등이 장착되지 않은 경우에는 항행동을 2회 점멸한다.

정답 : ②

127. 수색·구조를 필요로 하는 항공기에 대한 관계기관의 정보 제공 및 협조 목적을 수행하기 위하여 제공하는 항공교통업무는?

① 항공교통관제업무
② 지역관제업무
③ 비행정보업무
④ 경보업무

해설) 항공안전법 시행규칙 제228조(항공교통업무의 목적 등)

5. 수색·구조를 필요로 하는 항공기에 대한 관계기관에의 정보 제공 및 협조

② 제1항에 따른 항공교통업무는 다음 각 호와 같이 구분한다.

1. 항공교통관제업무: 제1항제1호부터 제3호까지의 목적을 수행하기 위한 다음 각 목의 업무

  가. 접근관제업무: 관제공역 안에서 이륙이나 착륙으로 연결되는 관제비행을 하는 항공기에 제공하는 항공교통관제업무

  나. 비행장관제업무: 비행장 안의 기동지역 및 비행장 주위에서 비행하는 항공기에 제공하는 항공교통관제업무로서 접근관제업무 외의 항공교통관제업무(이동지역 내의 계류장에서 항공기에 대한 지상유도를 담당하는 계류장관제업무를 포함한다)

  다. 지역관제업무: 관제공역 안에서 관제비행을 하는 항공기에 제공하는 항공교통관제업무로서 접근관제업무 및 비행장관제업무 외의 항공교통관제업무

2. 비행정보업무: 비행정보구역 안에서 비행하는 항공기에 대하여 제1항제4호의 목적을 수행하기 위하여 제공하는 업무

3. 경보업무: 제1항제5호의 목적을 수행하기 위하여 제공하는 업무

정답 : ④

128. 기내방송시스템(Public Address System)이 필요한 최소 승객수는?

① 10명

② 16명

③ 19명

④ 21명

해설)

고정익항공기를 위한 운항기술기준(FLIGHT SAFETY REGULATIONS for AEROPLANES)

7.4.9.3 기내방송시스템(Public Address System)

운항증명소지자는 최대인가 승객좌석이 19석을 초과하는 승객운송용 항공기 운항을 위해서는 다음에서 정한 기내방송시스템(Public Address System)을 장착하여야 한다.

129. 무자격자의 항공업무 종사시의 벌칙은?

① 1년 이하의 징역 또는 1천만원 이하의 벌금

② 1년 이하의 징역 또는 2천만원 이하의 벌금

③ 2년 이하의 징역 또는 1천만원 이하의 벌금

④ 2년 이하의 징역 또는 2천만원 이하의 벌금

해설) 항공안전법 제148조(무자격자의 항공업무 종사 등의 죄)

<u>다음 각 호의 어느 하나에 해당하는 사람은 2년 이하의 징역 또는 2천만원 이하의 벌금에 처한다.</u>

1. 제34조를 위반하여 자격증명을 받지 아니하고 항공업무에 종사한 사람

2. 제36조제2항을 위반하여 그가 받은 자격증명의 종류에 따른 업무범위 외의 업무에 종사한 사람

3. 제43조(제46조제4항 및 제47조제4항에서 준용하는 경우를 포함한다)에 따른 효력정지명령을 위반한 사람

4. 제45조를 위반하여 항공영어구술능력증명을 받지 아니하고 같은 조 제1항 각 호의 어느 하나에 해당하는 업무에 종사한 사람

정답 : ③ ④

130. 기내에서 질서를 어지럽히는 승객을 저지할 필요가 생겼을 때 기장이 할 수 있는 조치로 맞지 않는 것은?
    ① 다른 승객에게 도움을 요청함
    ② 권한을 위임받은 승무원을 지휘함
    ③ 다른 승객에게 권한을 위임함
    ④ 승무원에게 권한을 위임함

    해설) 항공보안법 제22조(기장 등의 권한)
    ① 기장이나 기장으로부터 권한을 위임받은 승무원(이하 "기장등"이라 한다) 또는 승객의 항공기 탑승 관련 업무를 지원하는 항공운송사업자 소속 직원 중 기장의 지원요청을 받은 사람은 다음 각 호의 어느 하나에 해당하는 행위를 하려는 사람에 대하여 그 행위를 저지하기 위한 필요한 조치를 할 수 있다.
      1. 항공기의 보안을 해치는 행위
      2. 인명이나 재산에 위해를 주는 행위
      3. 항공기 내의 질서를 어지럽히거나 규율을 위반하는 행위
    ② 항공기 내에 있는 사람은 제1항에 따른 조치에 관하여 기장등의 요청이 있으면 협조하여야 한다.
    ③ 기장등은 제1항 각 호의 행위를 한 사람을 체포한 경우에 항공기가 착륙하였을 때에는 체포된 사람이 그 상태로 계속 탑승하는 것에 동의하거나 체포된 사람을 항공기에서 내리게 할 수 없는 사유가 있는 경우를 제외하고는 체포한 상태로 이륙하여서는 아니 된다.
    ④ 기장으로부터 권한을 위임받은 승무원 또는 승객의 항공기 탑승 관련 업무를 지원하는 항공운송사업자 소속 직원 중 기장의 지원요청을 받은 사람이 제1항에 따른 조치를 할 때에는 기장의 지휘를 받아야 한다.

정답 : ③

131. 다음 중 항공기의 범위에 해당하는 기기는?

① 최대이륙중량, 좌석 수, 속도 또는 자체중량 등이 국토교통부령으로 정하는 항공기의 기준을 초과하는 기기
② 연료를 제외한 자체중량이 150kg 이하인 무인헬리콥터 또는 무인멀티콥터
③ 연료를 제외한 자체중량이 180kg 이하고 길이가 20m 미만인 무인비행선
④ 연료를 제외한 자체중량이 150kg 이하고 발동기가 1개 이상인 무인비행기

해설) 항공안전법 시행령 제2조(항공기의 범위)

「항공안전법」(이하 "법"이라 한다) 제2조제1호 각 목 외의 부분에서 "대통령령으로 정하는 기기"란 다음 각 호의 어느 하나에 해당하는 기기를 말한다.
1. 최대이륙중량, 좌석 수, 속도 또는 자체중량 등이 국토교통부령으로 정하는 기준을 초과하는 기기
2. 지구 대기권 내외를 비행할 수 있는 항공우주선

132. 항공기의 등급으로 올바르지 않은 것은?

① 수상다발 비행기
② 하급 활공기
③ 중급 활공기
④ 상급 활공기

해설) 항공안전법 시행규칙 제81조(자격증명의 한정)

③ 제1항에 따라 한정하는 항공기의 등급은 다음 각 호와 같이 구분한다. 다만, 활공기의 경우에는 상급(활공기가 특수 또는 상급 활공기인 경우) 및 중급(활공기가 중급 또는 초급 활공기인 경우)으로 구분한다.
1. 육상 항공기의 경우: 육상단발 및 육상다발
2. 수상 항공기의 경우: 수상단발 및 수상다발

정답 : ① ②

133. 항공안전법상 항공종사자라 할 수 있는 자는?

　　① 항공종사자 자격증명을 받은 사람

　　② 항공종사자 전문교육기관의 학생

　　③ 항공무선통신사 자격증 소지자

　　④ 항공기에 탑승하여 항공업무에 종사하는 사람

　해설) 항공안전법 제2조(정의)

　　14. "항공종사자"란 제34조제1항에 따른 항공종사자 자격증명을 받은 사람을 말한다.

134. 다음 중 항공업무가 아닌 것은?

　　① 조종연습

　　② 항공기의 운항관리 업무

　　③ 항공교통관제

　　④ 경량항공기 또는 그 장비품 및 부품의 정비사항을 확인하는 업무

　해설) 항공안전법 제2조(정의)

　　5. "항공업무"란 다음 각 목의 어느 하나에 해당하는 업무를 말한다.

　　　가. 항공기의 운항(무선설비의 조작을 포함한다) 업무(제46조에 따른 항공기 조종연습은 제외한다)

　　　나. 항공교통관제(무선설비의 조작을 포함한다) 업무(제47조에 따른 항공교통관제연습은 제외한다)

　　　다. 항공기의 운항관리 업무

　　　라. 정비·수리·개조(이하 "정비등"이라 한다)된 항공기·발동기·프로펠러(이하 "항공기등"이라 한다), 장비품 또는 부품에 대하여 안전하게 운용할 수 있는 성능(이하 "감항성"이라 한다)이 있는지를 확인하는 업무 및 경량항공기 또는 그 장비품·부품의 정비사항을 확인하는 업무

정답 : ① ①

135. '항공로'에 대한 항공안전법상 정의로 맞는 것은?

① 항공교통의 안전을 위하여 국토교통부장관이 지정·공고한 지표면 또는 수면으로부터 200미터 이상 높이에 표시한 공간의 길

② 국토교통부장관이 항공기, 경량항공기 또는 초경량비행장치의 항행에 적합하다고 지정한 지구의 표면상에 표시한 공간의 길

③ 대통령이 항공기, 경량항공기 또는 초경량비행장치의 항행에 적합하다고 지정한 지구의 표면상에 표시한 공간의 길

④ 국제민간항공기구에서 항공교통의 안전을 위하여 지표면 또는 수면으로부터 200미터 이상 높이에 표시한 공간의 길

해설) 항공안전법 제2조(정의)

13. "항공로"(航空路)란 국토교통부장관이 항공기, 경량항공기 또는 초경량비행장치의 항행에 적합하다고 지정한 지구의 표면상에 표시한 공간의 길을 말한다.

정답 : ②

◎ 항공기체

1. 항공기 날개에 쓰이는 금속 중 가장 많이 쓰이는 금속은?
   ① 알루미늄합금
   ② 니켈-크롬강
   ③ 알크래드
   ④ 티타늄

   해설) 항공기 제작에 가장 널리 사용되는 금속은 알루미늄합금이다.

2. 리벳의 설명 중 옳은 것은?
   ① 강철판·형강 등의 금속재료를 영구적으로 결합하는데 사용되는 막대 모양의 기계요소
   ② 주로 인장과 전단력을 받는 결합부분에 사용
   ③ 볼트, 너트의 코터핀 구멍위치 등의 조절, 장착부품 보호, 구조물-장착부품의 조임면 부식방지
   ④ 액체, 가스의 손실방지 및 진동, 잡음의 감소

3. 나셀에 대한 설명으로 옳은 것은?
   ① 기체의 연장 하중을 담당한다
   ② 기체에 장착된 엔진을 둘러싼 부분을 말한다.
   ③ 일반적으로 기체의 중심에 위치하여 날개구조를 보완한다.
   ④ 엔진을 장착하여 하중을 담당하기 위한 구조물이다.

정답 : ① ① ②

4. 트러스 구조에 대한 설명 중 올바른 것은?
   ① 공기 기체의 중요한 하중을 담당하는 구조
   ② 2개의 날개보를 가지는 날개의 앞전 부분
   ③ 천 또는 얇은 합판이나 금속판으로 외피를 씌운 구조
   ④ 외피가 하중을 담당 하도록 만들어진 구조

5. 항공기 기체구조에 인장력과 압축력으로 이루어진 응력은?
   ① 전단응력
   ② 굽힘 응력
   ③ 비틀림 응력
   ④ 인장력

6. 조종면의 힌지 모멘트를 감소시켜 조종자의 조종력을 0으로 환원하는 것은?
   ① 트림탭
   ② 서보탭
   ③ 밸런스탭
   ④ 안티서보탭

해설)
- 트림탭 : 조종면의 힌지 모멘트를 감소시켜 조종력을 '0' 상태로 조절하여 조종사의 조종력을 겸감시켜 주는 것.
- 밸런스탭 : 조종면이 움직이는 방향과 반대의 방향으로 움직일 수 있도록 기계적으로 연결되어 있는 것
- 서보탭 : 조종석의 조종장치와 직접 연결되어 탭만 작동시켜 조종면을 움직이도록 설계된 것
- 안티서보탭 : 제어장치가 너무 가벼울때나 항공기 이동축에 추가적인 안정성이 필요할 때 도움을 주는 것.

정답 : ③ ② ①

7. 조종면의 움직이는 방향과 반대방향으로 움직이도록 되어 있는 조종면은?
   ① 트림탭
   ② 서보탭
   ③ 밸런스탭
   ④ 안티밸런스탭

   해설)
   - 트림탭 : 조종면의 힌지 모멘트를 감소시켜 조종력을 '0' 상태로 조졸하여 조종사의 조종력을 겸감시켜 주는것.
   - 밸런스탭 : 조종면이 움직이는 방향과 반대의 방향으로 움직일 수 있도록 기계적으로 연결되어있는 것
   - 서보탭 : 조종석의 조종장치와 직접 연결되어 탭만 작동시켜 조종면을 움직이도록 설계된 것
   - 안티서보탭 : 제어장치가 너무 가벼울때나 항공기 이동축에 추가적인 안정성이 필요할 때 도움을 주는 것.

8. 카울링에 대한 설명으로 옳은 것은?
   ① 나셀의 앞부분에 위치하고, 정비시 쉽게 장,탈착이 가능하다.
   ② 기체에 장착된 엔진을 둘러싸는 부분이다.
   ③ 기화기에 흡입되는 공기 통로이다.
   ④ 가스터빈기관 항공기의 착륙거리 단축에 사용된다.

9. 항공기 날개 구조에서 리브의 기능을 가장 올바르게 설명한 것은?
   ① 날개의 곡면상태를 만들어주며, 날개의 표면에 걸리는 하중을 스파에 전달
   ② 날개에 걸리는 하중을 스킨에 분산
   ③ 날개의 스팬을 늘리기 위하여 사용되는 연장부분
   ④ 날개 내부고조의 집중응력을 담당하는 골격

정답 : ③ ① ①

10. 외피(skin)의 설명 중 올바른 것은?
   ① 외피의 형태에 맞추어 외피를 부착하기 위해서 사용되며 외피의 좌굴을 방지한다.
   ② 수직방향의 보강재로서 세로지와 합쳐 외피를 보호한다.
   ③ 동체의 앞뒤에 하나씩 있으며 집중 하중을 외피에 골고루 분산하고 동체가 비틀림에 의해 변형되는 것을 방지한다.
   ④ 동체에 작용하는 전단응력을 담당하고 때로는 스트링거와 함께 압축 및 인장응력을 담당한다.

11. 항공기의 주조종면이 아닌 것은?
   ① 옆놀이
   ② 키놀이
   ③ 빗놀이
   ④ 윗놀이

12. 항공기 타이어 정보를 나타내는 것은 무엇인가?
   ① 트래드
   ② 비드
   ③ 타이어 등
   ④ 타이어 측면 벽(sidewall)

13. 꼬리날개에 대한 설명으로 옳은 것은?
   ① 수평꼬리날개 : 가로축에 대한 세로 안정과 피칭운동을 담당
   ② 수직꼬리날개 : 가로축에 대한 방향 안정과 요잉운동을 담당
   ③ 수평꼬리날개 : 수직축에 대한 방향 안정과 피칭운동을 담당
   ④ 수직꼬리날개 : 수직축에 대한 방향 안정과 롤링운동을 담당

정답 : ④ ④ ④ ①

14. 페일세이프 구조 중 옳지 않은 것은?
    ① 다경로 하중구조
    ② 이중구조
    ③ 대치구조
    ④ 최대하중구조

15. 다음 중 항공기 기체 구조로 바르게 구성되어 있는 것은?
    ① 동체, 날개, 꼬리날개, 착륙장치, 엔진마운트
    ② 동체, 날개, 꼬리날개, 착륙장치, 동력장치
    ③ 동체, 날개, 꼬리날개, 동력장치, 나셀
    ④ 동체, 날개, 꼬리날개, 착륙장치, 동력장치

16. 항공기 주날개에 걸리는 굽힘 모멘트를 주로 담당하는 날개의 부재는?
    ① 스파
    ② 리브
    ③ 스킨
    ④ 스트링거

17. 기체구조 중 외피가 주로 담당하는 응력은?
    ① 굽힘력
    ② 비틀림력
    ③ 전단력
    ④ 인장력

정답 : ④ ④ ① ③

18. 세미모노코크 구성으로 옳지 않은 것은?
    ① 정형재
    ② 벌크헤드
    ③ 외피
    ④ 플랩

    해설) 세미모노코크는 정형재, 벌크헤드, 외피로 구성되어 있다.

19. 모노코크 구조의 강도와 무게의 문제점을 극복하기 위해 개발된 구조의 한 형태로 알맞은 것은?
    ① 모노코크2
    ② 세미트러스
    ③ 세미모노코크
    ④ 페일세이프

20. 스트링거의 설명 중 옳은 것은?
    ① 항공기 날개, 동체 등의 구조물에서 형상 유지와 강도의 일부를 담당하는 항공기 구조의 한 부분.
    ② 수직방향의 보강재로서 세로지와 합쳐 외피를 보호한다.
    ③ 동체의 앞뒤에 하나씩 있으며 집중 하중을 외피에 골고루 분산하고 동체가 비틀림에 의해 변형되는 것을 방지한다.
    ④ 동체에 작용하는 전단응력을 담당하고 때로는 스트링거와 함께 압축 및 인장응력을 담당한다.

정답 : ④ ③ ①

21. 리브(rib)에 대한 설명 중 옳은 것은?
    ① 외피와 스트링거로부터의 하중을 날개보에 전달하는 역할
    ② 날개의 주요 구조부재이다. 동체의 세로대에 해당한다.
    ③ 날개의 굽힘강도를 증가, 날개의 비틀림에 의한 좌굴을 방지하기 위한 세로 지지대
    ④ 날개에 발생하는 하중을 내, 외부 보강재(internal or external bracing)와 외피가 분담한다.

22. 항공기의 1차 조종면은 어느것인가?
    ① Elevator, Trim tap, Flap
    ② Rudder, Aileron, Spring tap
    ③ Elevator, Rudder, Flap
    ④ Elevator, Aileron, Rudder

23. 금속 성질 중 원래형태로 돌아가려는 성질은 어떤 금속인가?
    ① 연성
    ② 인성
    ③ 탄성
    ④ 취성

    해설)
    - 연성(ductility) : 연성은 끊어지지 않고 영구적으로 잡아 늘리거나 굽히고, 또는 비틀어 꼬는 성질
    - 인성(toughness) : 찢어짐이나 전단에 잘 견디고, 파괴됨이 없이 늘리거나 변형시킬 수 있는 성질
    - 취성(brittleness) : 약간 굽히거나 변형시키면 깨져버리는 성질

정답 : ① ④ ③

24. 저탄소강의 탄소함유량은 어떤 것인가?

　　① 탄소를 0.2~0.4% 포함한 강

　　② 탄소를 0.1~0.3% 포함한 강

　　③ 탄소를 0.3~0.5% 포함한 강

　　④ 탄소를 0.6~1.2% 포함한 강

해설)

- 저탄소강(연강) : 탄소 0.1~0.3% 함유
- 중탄소강 : 탄소 0.3~0.6% 함유
- 고탄소강 : 탄소 0.6~1.2% 함유

25. SAE 강의 분류로 4130은 무엇을 뜻하는가?

　　① 몰리브덴 1%에 탄소 3%함유된 몰리브덴강

　　② 몰리브덴 13%에 탄소가 함유되지 않은 몰리브덴강

　　③ 몰리브덴 1.3%에 탄소가 함유되지 않은 몰리브덴강

　　④ 몰리브덴 1%에 탄소 0.3% 함유된 몰리브덴강

해설)

SAE 합금강 표시

4 : 합금의 종류(몰리브덴)

1 : 합금 원소의 합금량(%)

30 : 합금에 함유된 탄소 함유량을 백분율로 나타낸다

정답 : ② ④

26. 알루미늄 합금 1275의 75는 무엇을 의미하는가?
    ① 주합금의 원소
    ② 합금 개량 번호
    ③ 함유량
    ④ 합금의 순도

    해설) 1275 : 99.75 % 순수 알루미늄 2회 성능 개량하였음

27. 담금질에 대한 설명으로 올바른 것은?
    ① 강을 노에 넣고 정해진 온도로 가열한 다음 공기, 오일, 물, 또는 특수용액에 넣어 냉각시키는 것
    ② 규정된 온도까지 금속을 가열해서 일정 시간 동안 유지한 다음, 상온에서 서서히 냉각하는 과정
    ③ 적당한 온도까지 부품을 가열하고, 균일하게 가열될 때까지 그 온도를 유지한 다음 공기 중에서 냉각하는 공정
    ④ 고온으로 열처리한 금속 재료를 물이나 기름 속에 담가 식히는 일

28. 뜨임에 대한 설명으로 올바른 것은?
    ① 강을 노에 넣고 정해진 온도로 가열한 다음 공기, 오일, 물, 또는 특수용액에 넣어 냉각시키는 것
    ② 규정된 온도까지 금속을 가열해서 일정 시간 동안 유지한 다음, 상온에서 서서히 냉각하는 과정
    ③ 적당한 온도까지 부품을 가열하고, 균일하게 가열될 때까지 그 온도를 유지한 다음 공기 중에서 냉각하는 공정
    ④ 고온으로 열처리한 금속 재료를 물이나 기름 속에 담가 식히는 일

정답 : ④ ④ ①

29. 풀림처리에 대한 설명으로 올바른 것은?
   ① 강을 노에 넣고 정해진 온도로 가열한 다음 공기, 오일, 물, 또는 특수용액에 넣어 냉각시키는 것
   ② 규정된 온도까지 금속을 가열해서 일정 시간 동안 유지한 다음, 상온에서 서서히 냉각하는 과정
   ③ 적당한 온도까지 부품을 가열하고, 균일하게 가열될 때까지 그 온도를 유지한 다음 공기 중에서 냉각하는 공정
   ④ 고온으로 열처리한 금속 재료를 물이나 기름 속에 담가 식히는 일

30. 불림처리에 대한 설명으로 올바른 것은?
   ① 강을 노에 넣고 정해진 온도로 가열한 다음 공기, 오일, 물, 또는 특수용액에 넣어 냉각시키는 것
   ② 규정된 온도까지 금속을 가열해서 일정 시간 동안 유지한 다음, 상온에서 서서히 냉각하는 과정
   ③ 적당한 온도까지 부품을 가열하고, 균일하게 가열될 때까지 그 온도를 유지한 다음 공기 중에서 냉각하는 공정
   ④ 고온으로 열처리한 금속 재료를 물이나 기름 속에 담구어 식히는 일

31. 알루미늄 합금의 열처리 방법이 아닌 것은?
   ① 풀림처리
   ② 뜨임처리
   ③ 공용체화처리
   ④ 인공시효처리

정답 : ② ③ ②

32. 침탄법의 종류로 옳지 않은 것은?

　① 액체침탄법

　② 고체침탄법

　③ 기체침탄법

　④ 가스침탄법

33. 알크래드(Alclad)에 대한 설명 중 옳은 것은?

　① 코어Core)알루미늄합금판재 양쪽에 약 5.5%정도 두께로 순수한 알루미늄 피복을 입힌 판재를 가리키는 말이다.

　② 금속을 융해시키고 원하는 모양의 주형 (mold) 안에 녹인 쇳물을 부어서 만드는 과정

　③ 피로성과 내마모성은 다이아프램(Diaphragm), 정밀베어 링과 부싱(Bushing), 볼케이지 (Ball Cage), 스프링와셔(springwasher) 등의 제작에 적합하다.

　④ 부식이 발생하기 쉬운 펌프(pump), 스크린(Screen), 다른 공구 (tool)나 설비 (fixture)와 같은 품목에 사용하고 있다.

34. 강화재 종류 중 옳지 않은 것은?

　① 유리섬유

　② 탄소섬유

　③ 보론섬유

　④ 고무섬유

정답 : ③ ① ④

35. 유리섬유의 설명으로 옳은 것은?
    ① 내열성과 내화학성이 우수하고 값이 저렴하여 강화 섬유로서 가장 많이 사용되고 있다.
    ② 열팽창계수가 작기 때문에 사용온도의 변동있더라도 치수 안정성이 우수하다.
    ③ 양호한 압축강도, 인성 및 높은 경도를 가지고 있다.
    ④ 높은 온도의 적용이 요구되는 곳에 사용된다.

36. 탄소섬유의 설명으로 옳은 것은?
    ① 내열성과 내화학성이 우수하고 값이 저렴하여 강화 섬유로서 가장 많이 사용되고 있다.
    ② 열팽창계수가 작기 때문에 사용온도의 변동 있더라도 치수 안정성이 우수하다.
    ③ 양호한 압축강도, 인성 및 높은 경도를 가지고 있다.
    ④ 높은 온도의 적용이 요구되는 곳에 사용된다.

37. 보론섬유의 설명으로 옳은 것은?
    ① 내열성과 내화학성이 우수하고 값이 저렴하여 강화 섬유로서 가장 많이 사용되고 있다.
    ② 열팽창계수가 작기 때문에 사용온도의 변동 있더라도 치수 안정성이 우수하다.
    ③ 양호한 압축강도, 인성 및 높은 경도를 가지고 있다.
    ④ 높은 온도의 적용이 요구되는 곳에 사용된다.

정답 : ① ② ③

38. 세라믹섬유의 설명으로 옳은 것은?

① 내열성과 내화학성이 우수하고 값이 저렴하여 강화 섬유로서 가장 많이 사용되고 있다.

② 열팽창계수가 작기 때문에 사용온도의 변동이 있더라도 치수 안정성이 우수하다.

③ 양호한 압축강도, 인성 및 높은 경도를 가지고 있다.

④ 높은 온도의 적용이 요구되는 곳에 사용된다.

39. 항공기에 복합 소재를 사용하는 이유 중 장점에 해당되는 것은?

① 박리(Delamination, 들뜸 현상)에 대한 탐지와 검사가 어렵다.

② 새로운 제작 방법에 대한 축적된 설계 자료 (designdatabase)가 부족하다.

③ 비용(cost)이 비싸다.

④ 복잡한 형태나 공기역학적 곡률 형태의 제작이 가능하다.

40. 항공기에 복합소재를 사용하는 이유 중 단점에 해당되는 것은?

① 중량당 강도비가 높다.

② 섬유 간의 응력 전달은 화학결합에 의해 이루어진다.

③ 재료, 과정 및 기술이 다양하다.

④ 금속보다 수명이 길다.

정답 : ④ ④ ③

41. 섬유강화재의 세 가지 주요 형태가 아닌 것은?

　① 미립자

　② 휘스커

　③ 섬유

　④ 직물

해설) 섬유강화재의 주요형태는 미립자, 휘스커, 섬유이다.

42. 강화 플라스틱의 설명 중 옳지 않는 것은?

　① 우수한 절연 특성을 갖고 있어 레이돔을 만드는데 이상적이다.

　② 강도대 무게비가 작다.

　③ 곰팡이 녹, 부식에 대한 저항력이 좋다.

　④ 제작의 용이하여 항공기에 널리 사용된다.

43. 고무에 대한 설명 중 옳지 않는 것은?

　① 먼지나 습기 혹은 공기가 들어오는 것을 방지

　② 액체, 가스 혹은 공기의 손실을 방지

　③ 진동을 흡수하지 못한다.

　④ 잡음을 감소시키며 충격하중을 감소시킨다.

정답 : ④ ② ③

44. 천연고무에 대한 설명 중 옳은 것은?
   ① 합성고무 또는 실리콘고무보다 더 좋은 가공성과 물리적 성질을 갖는다.
   ② 부틸, 부나, 네이프렌으로 사용된다.
   ③ 부틸(Butyl)은 가스 침투에 높은 저항력을 갖는 탄화수소 고무이다.
   ④ 부나(Buna)는 열에 대한 저항성은 강하나 유연성은 부족하다.

45. 합성고무에 대한 설명 중 옳지 않는 것은?
   ① 부틸, 부나, 네이프렌으로 사용된다.
   ② 부틸(Butyl)은 가스 침투에 높은 저항력을 갖는 탄화수소 고무이다.
   ③ 부나(Buna)는 열에 대한 저항성은 강하나 유연성은 부족하다.
   ④ 우수한 절연 특성을 갖고 있어 레이돔을 만드는데 이상적이다.

   해설) 합성고무는 부틸, 부나-S, 네이프렌 등으로 구성
   - 부틸(Butyl) : 가스 침투에 높은 저항력을 갖는 탄화수소 고무이다.
   - 부나(Buna)-S : 천연고무와 같이 방수 특성을 가지며, 어느정도 우수한 시효특성을 가지고 있다. 열에 대한 저항성은 강하나 유연성은 부족하다.
   - 네오프렌(neoprene, 합성고무의 일종) : 천연고무보다 더 거칠게 취급할 수 있고 더 우수한 저온 특성을 가지고 있다. 또한, 오존, 햇빛, 시효에 대한 특별한 저항성을 가지고 있다.

46. 나사식 체결부품에 대한 설명 중 옳지 않는 것은?
   ① 항공기 부품을 빈번하고 신속하게 분해, 조립, 교환이 가능하도록 해준다.
   ② 볼트는 큰 강도가 요구되는 곳에 사용.
   ③ 스크루는 강도가 그다지 중요시 취급되지 않는 곳에 사용.
   ④ 한번 고정시키면 영구적으로 사용

정답 : ① ④ ④

47. 나사의 구분으로 옳지 않는 것은?
    ① NC나사계열
    ② NF나사계열
    ③ UNC나사계열
    ④ UFO나사계열

48. 항공기용 볼트에 대한 설명 중 옳지 않는 것은?
    ① 카드뮴도금이나 아연도금 처리한 내식강
    ② 도금하지 않은 내식강
    ③ 양극산화 처리한 알루미늄합금 등으로 제작
    ④ 알루미늄만 사용

49. 일반목적용 볼트에 대한 설명 중 옳은 것은?
    ① 인장하중 또는 전단하중이 작용하는 일반적인 곳에 사용한다.
    ② 일반용 볼트보다 더 정밀하게 가공된다.
    ③ 고강도강으로 만든다.
    ④ 인장하중과 전단하중 모두가 작용하는 곳에 적합하다.

정답 : ④ ④ ①

50. 정밀공차 볼트에 대한 설명 중 옳은 것은?

　① 인장하중 또는 전단하중이 작용하는 일반적인 곳에 사용한다.

　② 일반용 볼트보다 더 정밀하게 가공된다.

　③ 고강도강으로 만든다.

　④ 인장하중과 전단하중 모두가 작용하는 곳에 적합하다.

51. 내부렌치 볼트에 대한 설명 중 옳은 것은?

　① 인장하중 또는 전단하중이 작용하는 일반적인 곳에 사용한다.

　② 일반용 볼트보다 더 정밀하게 가공된다.

　③ 인장하중과 전단하중 모두가 작용하는 곳에 적합하다.

　④ 클레비스볼트, 아이볼트, 조-볼트, 고정볼트로 사용된다.

52. 특수목적 볼트에 대한 설명 중 옳은 것은?

　① 인장하중 또는 전단하중이 작용하는 일반적인 곳에 사용한다.

　② 일반용 볼트보다 더 정밀하게 가공된다.

　③ 인장하중과 전단하중 모두가 작용하는 곳에 적합하다.

　④ 클레비스볼트, 아이볼트, 조-볼트, 고정볼트로 사용된다.

정답 : ② ③ ④

53. 클레비스 볼트의 설명 중 옳지 않은 것은?
   ① 머리는 둥글다.
   ② 스크루드라이버 또는 십자 스크루드라이버를 사용해서 풀거나 잠근다.
   ③ 전단하중이 없는 곳에 사용한다.
   ④ 인장하중은 작용하지 않는다.

54. 아이볼트에 대한 설명 중 옳은 것은?
   ① 외부에서 인장하중이 작용하는 곳에 사용된다.
   ② 머리는 둥글다.
   ③ 스크루드라이버 또는 십자 스크루드라이버를 사용해서 풀거나 잠근다.
   ④ 전단하중이 없는 곳에 사용한다.

55. 조볼트 구성 중 옳지 않은 것은?
   ① 합금강볼트
   ② 강철 너트
   ③ 스테인리스강 슬리브
   ④ 아연합금 리벳

정답 : ③ ① ④

56. 고정볼트 설명 중 올바르지 않은 것은?
    ① 2개의 부품을 영구적으로 체결할 때 쓰인다.
    ② 표준 볼트에 준하는 강도를 가진다.
    ③ 풀 형, 스텀프 형, 블라인드 형 세가지 종류가 사용된다.
    ④ 바퀴에 사용된다.

57. 고정볼트 풀-형(pull-type)에 대한 설명 중 옳은 것은?
    ① 항공기의 1차 구조부재와 2차 구조부재에 주로 사용한다.
    ② 작업소요시간이 길다.
    ③ 동등한 AN 강철볼트-너트 무게의 약 2배로 무겁다.
    ④ 장착과정에서 압착이 필요하다.

58. 고정볼트 스텀프-형(stump-type)에 대한 설명 중 옳은 것은?
    ① 단독으로 쓰인다.
    ② 여유가 없는 공간에는 쓰이지 않는다.
    ③ 풀형 고정볼트에 짝을 이루는 체결부품이다.
    ④ 매우 신속하게 장착할 수 있다.

정답 : ④ ① ③

59. 고정볼트 블라인드-형(blind-type)에 대한 설명 중 옳은 것은?
   ① 매우 신속하게 장착할 수 있다.
   ② 완제품 또는 완전 조립품으로 생산된다.
   ③ 동등한 AN 강철볼트-너트 무게의 약 50%정도 밖에 안된다.
   ④ 압착이 필요없다.

60. 고정볼트 3가지 종류의 공통적인 특징 중 옳은 것은?
   ① 핀에 원주방향으로 홈이 나있다.
   ② 단독으로 쓰인다.
   ③ 압착이 필요없다.
   ④ 작업소요시간이 길다.

   해설) 핀에 원주방향으로 고정 홈이 나있다.
   인장 or 압축하중을 가하여 고정 홈 안으로 고정 칼라(collar)를 압착시켜 핀을 고정해야 한다.

61. 항공기용 너트에 대한 설명 중 옳지 않는 것은?
   ① 카드뮴도금 탄소강으로 만든다.
   ② 스테인리스 강으로 만든다.
   ③ 양극산화 처리한 2024T 알루미늄합금으로 만든다.
   ④ 나사산은 없다.

정답 : ② ① ④

62. 항공기용 너트의 종류로 짝지어진 것은?
    ① 자동고정너트. 고정너트
    ② 자동고정너트, 비자동고정너트
    ③ 고정너트, 비자동고정너트
    ④ 반자동고정너트, 고정너트

    해설) 항공기용 너트의 종류 : 자동고정너트, 비자동고정너트

63. 비자동고정너트의 종류 중 틀린 것은?
    ① 평 너트
    ② 캐슬 너트
    ③ 전단 캐슬 너트
    ④ 평 구각너트

64. 비자동고정너트의 종류 중 맞는 것은?
    ① 인장 캐슬 너트
    ② 체크 얇은 육각너트
    ③ 체크 너트
    ④ 캐슬 체크 너트

정답 : ② ④ ③

65. 자동고정너트의 설명으로 옳지 않는 것은?
   ① 풀림방지를 위한 보조방법이 필요없다.
   ② 구조적으로 고정역할을 하는 부분이 포함되어 있다.
   ③ 많은 자동고정너트가 개발되었고 그 용도도 아주 널리 보급되었다.
   ④ 열에 취약하여 잘 풀린다.

66. 자동고정너트의 종류 중 올바르지 않은 것은?
   ① 부츠자동고정너트
   ② 스테인리스강 자동고정너트
   ③ 탄성고정너트
   ④ 탄소강 자동고정너트

   해설) 자동고정너트 종류 : 부츠자동고정너트, 스테인리스강 자동고정너트, 탄성고정너트

67. 항공기용 와셔의 설명 중 수리에 사용되는 와셔가 아닌 것은?
   ① 평 와셔
   ② 핀 와셔
   ③ 고정 와셔
   ④ 특수 와셔

정답 : ④ ④ ②

68. 평와셔의 설명 중 옳은 것은?

① 부품 표면의 손상을 방지하기 위해 고정와셔 아래에 사용한다.

② 기계용 스크루나 작은 볼트와 함께 사용된다.

③ 표면에 완전히 일치하게 체결해야 하는 곳에 사용한다.

④ 스파부분을 접합시킨다.

69. 고정와셔를 사용하지 말아야 조건 중 틀린 것은?

① 1차구조물 또는 2차구조물에 체결부품과 함께 사용될 때

② 파손 되었을 때 공기흐름에 접합부분이 노출될 수 있는 곳

③ 스크루를 자주 장탈/장착하는 곳

④ 파손되었을 때 항공기 또는 인명 피해나 위험을 초래하게 되는 부품에 체결부품과 따로 사용될 때

해설) – 1차구조물 또는 2차구조물에 체결부품과 함께 사용될 때

- 파손되었을 때 항공기 또는 인명 피해나 위험을 초래하게 되는 부품에 체결부품과 함께 사용될 때
- 파손되었을 때 공기흐름에 접합부분이 노출될 수 있는 곳
- 스크루를 자주 장탈/장착하는 곳
- 와셔가 공기흐름에 노출되는 곳
- 와셔에 부식이 발생할 수 있는 환경인 곳
- 표면을 손상시키지 않기 위해 평와셔를 고정와셔 아래에 사용하지 않고 연질의 부품과 바로 와셔를 끼워야 하는 곳

70. 항공기용 리벳의 설명 중 옳지 않은 것은?

① 항공기 외피를 접합하는데 사용된다.

② 스파부분을 접합시킨다.

③ 와셔 앞에 붙혀져 있다.

④ 리브를 고정한다.

정답 : ① ④ ③

71. 항공기에 사용되는 리벳의 설명 중 바르게 설명한 것은?
   ① 솔리드생크리벳 : 버킹바를 사용할 수 없는 곳에서 체결작업하기 위한 특수리벳
   ② 솔리드생크리벳 : 항공기의 날개나 테일표면에 고무재 제빙부츠를 장착하는데 사용
   ③ 블라인드리벳종류 : 체리리벳, 리브너트, 폭발리벳
   ④ 블라인드리벳 : 두꺼운 판재나 강도를 필요로하는 내부 구조물에 연결하여 사용

72. 특수파스너에 대한 설명 중 옳지 않은 것은?
   ① 전통적인 AN 볼트와 너트를 대신하여 사용할 수 있다.
   ② 인장하중이 작용하지 않는다.
   ③ 경량항공기에 광범위하게 사용된다.
   ④ 헐거운 결합이 생긴다.

73. 조종케이블의 장점 중 틀린 것은?
   ① 강하고 가볍다.
   ② 케이블의 유연성 때문에 조종력을 전달하는 케이블의 방향전환이 쉽다.
   ③ 항공기 조종케이블은 탄소강이나 스테인리스강으로 제조된다.
   ④ 높은 기계적효율을 갖고 있으며 유격이 없기 때문에 정밀한조종을 방해하는 반동현상이 없다.

   해설) 조종케이블의 장점
   - 강하고 가볍다.
   - 케이블의 유연성 때문에 조종력을 전달하는 케이블의 방향전환이 쉽다.
   - 높은 기계적효율을 갖고 있으며 유격이 없기 때문에 정밀한조종을 방해하는 반동현상이 없다.

정답 : ③ ④ ③

74. 케이블의 단점 중 맞는 것은?

① 강하고 가볍다.

② 케이블의 유연성 때문에 조종력을 전달하는 케이블의 방향전환이 쉽다.

③ 케이블의 장력은 신장과 온도 변화를 고려하여 수시로 조정되어야만 한다.

④ 높은 기계적효율을 갖고 있으며 유격이 없기 때문에 정밀한 조종을 방해하는 반동현상이 없다.

75. 케이블 7 X 7 을 설명 중 올바른 것은?

① 가로 X 세로 인 케이블

② 49개인 케이블

③ 7mm인 케이블이 7개인 케이블

④ 7가닥의 와이어를 꼬아서 한가닥을 만들고 다시 이 가닥 7개를 꼬아서 하나로 만든 케이블

76. 케이블 7X19 를 설명 중 올바른 것은?

① 33개인 케이블

② 19mm인 케이블이 7개인 케이블

③ 7가닥의 와이어를 꼬아서 한 가닥을 만들고 다시 이 가닥 19개를 꼬아서 하나로 만든 케이블

④ 19가닥의 와이어를 꼬아서 한 가닥을 만들고 다시 이 가닥 7개를 꼬아서 하나로 만든 케이블

해설) 138페이지 그림 참조

정답 : ③ ④ ④

77. 케이블을 터미널 피팅에 연결하는 방법으로 틀린 것은 무엇인가?
　① 스웨이징
　② 겹용접
　③ 납땜이음
　④ 5단엮기이음

78. 케이블을 터미널 피팅에 연결하는 방법의 설명으로 틀린 것은 무엇인가?
　① 스웨이징 : 터미널피팅에 케이블을 끼우고 스웨이징 공구, 장비로 압착하는 방법
　② 납땜이음 : 케이블 부싱이나 딤블 위로 구부려 돌린 다음 와이어를 감아 스테아르산의 땜납 용액에 담아 땜납 용액이 케이블 사이에 스며들게 하는 방법
　③ 5단엮기이음 : 부싱이나 딤블을 사용하여 케이블 가닥을 풀어서 엮은 다음 그 위에 와이어를 감아 씌우는 방법
　④ 겹용접 : 마지막 공정으로 터미널 피팅에 케이블을 겹쳐서 용접하는 방법

79. 판금설계의 내용으로 틀린 것은?
　① 최소 굽힘 반지름 : 판재를 최소 예각으로 굽힐 때 내접원의 반지름으로 풀림처리한 판재는 그 두께와 같은 정도의 굽힘 반지름을 사용하고 보통 최소 굽힘 반지름은 두께의 3배 정도이다.
　② 최소 굽힘 반지름 : 판재를 최소 예각으로 굽힐 때 내접원의 반지름으로 풀림처리한 판재는 그 두께와 같은 정도의 굽힘 반지름을 사용하고 보통 최소 굽힘 반지름은 두께의 4배 정도이다.
　③ 굽힘여유, 굴곡 허용량 : 평판을 구부려서 부품을 만들 때에 완전히 직각으로 구부릴 수 없으므로 굽히는데 소요되는 여유길이
　④ 세트백 : 굴곡된 판 바깥면의 연장선의 교차점과 굽힘 접선과의 거리

정답 : ② ④ ②

80. 다음 설명 중 옳지 않은 것은?

① 신장 : 판금을 얇게 만들고, 늘리고, 굴곡지게 하는 과정이다.

② 수축 : 금속의 길이, 특히 구부러진 곳의 안쪽의 길이를 줄여야 할 때 사용한다.

③ 범핑 : 고무, 플라스틱, 생가죽으로 만든 망치로 치거나 가볍게 두드려서 늘릴 수 있는 금속으로 모양을 만들거나 성형하는 것.

④ 클림핑 : 판재, 두꺼운 판, 박판을 구부리거나 주름을 만드는 것이다.

정답 : ④

◎ 항공기상

1. 우리나라 평균해수면은 어느 지역을 기준으로 정하는가?
    ① 영일만
    ② 순천만
    ③ 인천만
    ④ 울산만

2. 지구의 기상에서 일어나는 변화로 가장 근본적인 원인은?
    ① 해수면의 온도 상승
    ② 구름의 량
    ③ 지표면의 불규칙한 가열
    ④ 구름의 대이동

3. 다음 중 기상 7대 요소는 무엇인가?
    ① 기압, 기온, 습도, 구름, 강수, 바람, 시정
    ② 기압, 전선, 기온, 습도, 구름, 강수, 바람
    ③ 해수면, 전선, 기온, 윈드시어, 바람, 강수, 안개
    ④ 기압, 기온, 습도, 전선, 강수, 바람, 스모그

정답 : ③ ③ ①

4. 대기권 중 표면으로부터 평균 12km 높이까지 이고, 기상현상이 일어나는 권역은?
   ① 열권
   ② 중간권
   ③ 성층권
   ④ 대기권

5. 수직으로 발달하고 많은 강우를 포함하고 있는 구름이 아닌 것은?
   ① 적운
   ② 적락운
   ③ 난층운
   ④ 층운

6. 물질 1g의 온도를 1℃ 올리는데 요구되는 열은?
   ① 잠열
   ② 현열
   ③ 비열
   ④ 열량

   해설) - 열량 : 물질의 온도가 증가함에 따라 열에너지를 흡수할 수 있는 양.
   - 비열 : 물질 1g의 온도를 1°C 올리는데 요구되는 열.
   - 현열 : 일반적으로 온도계에 의해서 측정된 온도. 섭씨, 화씨, 켈빈
   - 잠열 : 물질의 상위상태로 변화시키는데 요구되는 열에너지. 고체, 액체, 기체

정답 : ④ ④ ③

7. 다음 중 상위 상태로 변화시키는데 요구되는 열에너지를 무엇이라 하는가?

① 열량

② 현열

③ 잠열

④ 비열

해설) - 열량 : 물질의 온도가 증가함에 따라 열에너지를 흡수할 수 있는 양.
- 비열 : 물질 1g 의 온도를 1°C 올리는데 요구되는 열.
- 현열 : 일반적으로 온도계에 의해서 측정된 온도. 섭씨, 화씨, 켈빈
- 잠열 : 물질의 상위상태로 변화시키는데 요구되는 열에너지. 고체, 액체, 기체

8. 기온 감률에 대한 내용으로 올바른 것은?

①1km당 65℃, 1000ft 당 1℃

②1km당 6.5℃, 1000ft 당 2℃

③1km당 6.5℃, 1000ft 당 1℃

④1km당 0.65℃, 1000ft 당 2℃

9. 현재 지상기온이 36℃ 일 때 3,000피트 상공의 기온은?

① 28℃

② 30℃

③ 32℃

④ 34℃

해설) 1000피트당 2℃의 기온감율이 있다.

정답 : ③ ② ②

10. 해수면의 온도가 15℃ 일 때 2,000ft 상공의 기온은 얼마인가?
    ① 10℃
    ② 11℃
    ③ 12℃
    ④ 13℃

    해설) 1000피트당 2℃의 기온감율이 있다.

11. 과냉각수에 대한 설명 중 올바른 것은?
    ① 0℃ 이하에서 응결되거나 액체상태로 공기중에 떠 있는 것
    ② 0℃ 이하에서 응결되어 공기중에 떠 있는 것
    ③ 5℃ 이하에서 액체상태로 공기중에 떠 있는 것
    ④ -20℃ 이하에서 응결되거나 액체상태로 공기중에 떠 있는 것

12. 다음 중 기온에 관한 설명 중 옳은 것은?
    ① 지표면에서 관측된 온도
    ② 지표면으로부터 1.5m 높이에서 관측된 온도
    ③ 지표면으로부터 3m 높이에서 관측된 온도
    ④ 지표면으로부터 5m 높이에서 관측된 온도

정답 : ② ① ②

13. 다음 중 공기밀도가 낮아지면 나타나는 현상으로 맞는 것은?

① 입자가 증가하고 양력이 감소한다.

② 입자가 증가하고 양력이 증가한다.

③ 입자가 감소하고 양력이 감소한다.

④ 입자가 감소하고 양력이 증가한다.

14. 해수면의 기온과 표준기압은?

① 15℃, 299.2 inch.Hg

② 15℃, 29.92 inch.H

③ 15℃, 29 inch.Hg

④ 15℃, 29.92 inch.Hg

15. 북반구에서 고기압은?

① 하강기류이고 반시계방향으로 불어져 들어온다.

② 하강기류이고 시계방향으로 퍼져 나간다.

③ 상승기류이고 반시계방향으로 불어져 들어온다.

④ 상승기류이고 시계방향으로 퍼져 나간다.

해설) 하강기류이고 시계방향으로 퍼져 나간다.

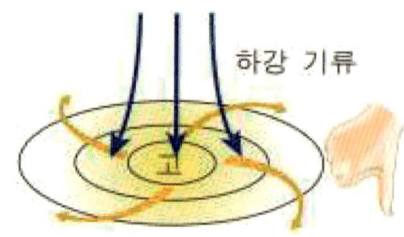

정답 : ③ ④ ②

16. 저기압 설명으로 틀린 것은?
   ① 주변보다 상대적으로 기압이 낮은 곳이다
   ② 반시계 방향으로 불어 들어온다
   ③ 상승기류이다
   ④ 하강기류이다

   해설) 저기압에서는 상승기류가 발생한다

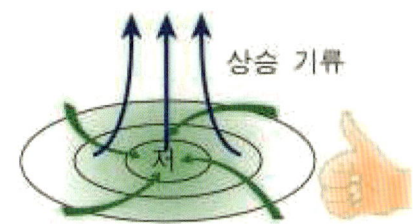

17. 등압선의 설명 중 올바르지 않는 것은?
   ① 등압선의 간격이 좁으면 바람이 강하다
   ② 등압선의 간격이 좁으면 바람이 약하다
   ③ 동일한 기압지역을 연결한 것
   ④ 저기압과 고기압 지역의 위치와 기압경도에 대한 정보를 제공

   해설) 등압선 : 동일한 기압지역을 연결한 선

18. 바람이 발생하는 근본적인 원인은?
   ① 기압차이
   ② 고도차이
   ③ 하강기류
   ④ 상승기류

   해설) 공기는 기압이 높은 곳에서 낮은 곳으로 이동하는 성질이 있다.

정답 : ④ ② ①

19. 1초동안 움직이는 거리의 단위는 무엇인가?
   ① m/s
   ② km/h
   ③ NM/H
   ④ Mb

20. 바람에 대한 설명으로 틀린 것은?
   ① 바람은 기압이 높은 곳에서 낮은 곳으로 흘러가는 공기의 흐름이다.
   ② 바람은 기압은 낮은 곳에서 높은 곳으로 흘러가는 공기의 흐름이다.
   ③ 풍속의 단위는 m/s, Knot 등을 사용한다.
   ④ 풍향은 지리학상의 진북을 기준으로 한다.

21. 산바람의 설명 중 옳은 것은?
   ① 낮에 산 아래에서 산 정상으로 불어오는 바람
   ② 밤에 산 아래에서 산 정상으로 불어오는 바람
   ③ 낮에 산 정상에서 산 아래로 불어오는 바람
   ④ 밤에 산 정상에서 산 아래로 불어오는 바람

22. 골바람의 설명 중 옳은 것은?
   ① 낮에 산 아래에서 산 정상으로 불어오는 바람
   ② 밤에 산 아래에서 산 정상으로 불어오는 바람
   ③ 낮에 산 정상에서 산 아래로 불어오는 바람
   ④ 밤에 산 정상에서 산 아래로 불어오는 바람

정답 : ① ② ④ ①

23. 육지에서 바다로 부는 바람으로 중 옳은 것은?
    ① 해풍(낮)
    ② 해풍(밤)
    ③ 육풍(낮)
    ④ 육풍(밤)

24. 맞바람의 설명 중 옳은 것은?
    ① 항공기의 기수방향을 향하여 불어오는 바람
    ② 항공기의 꼬리방향을 향하여 불어오는 바람
    ③ 항공기 등 비행체의 측면에서 불어오는 바람
    ④ 수평, 수직으로 급변하는 바람

25. 뒷바람의 설명 중 옳은 것은?
    ① 항공기의 기수방향을 향하여 불어오는 바람
    ② 항공기의 꼬리방향을 향하여 불어오는 바람
    ③ 항공기 등 비행체의 측면에서 불어오는 바람
    ④ 수평, 수직으로 급변하는 바람

26. 측풍의 설명 중 옳은 것은?
    ① 항공기의 기수방향을 향하여 불어오는 바람
    ② 항공기의 꼬리방향을 향하여 불어오는 바람
    ③ 항공기 등 비행체의 측면에서 불어오는 바람
    ④ 수평, 수직으로 급변하는 바람

정답 : ④ ① ② ③

27. 높새바람(푄현상) 설명 중 옳은 것은?
    ① 바람이 항상 일정하게 불지 않고 강약을 반복하는 바람
    ② 상승기류
    ③ 하강기류
    ④ 습하고 찬 공기가 지형적 상승 과정을 통해서 고온 건조한 바람으로 변화되는 현상

28. 계절풍의 설명 중 옳지 않은 것은?
    ① 1년을 주기로 육지와 바다 사이에서 여름과 겨울에 풍향이 바뀌는 현상
    ② 여름에는 바다에서 육지을 향해 바람이 분다
    ③ 겨울에는 육지에서 바다를 향해 바람이 분다
    ④ 가을에는 동쪽에서 서쪽으로 바람이 분다.

    해설) 가을은 양쯔강기단의 영향으로 서풍이 불어온다.

29. 제트기류 설명 중 옳은 것은?
    ① 바람이 항상 일정하게 불지 않고 강약을 반복하는 바람
    ② 봄, 가을에 불어오며 한랭건조하다.
    ③ 수직, 수평으로 바람방향이 급변한다.
    ④ 강하고 폭이 좁은 공기의 수평적인 이동

정답 : ④ ④ ④

30. 운량 clear에 대한 설명 중 옳은 것은?
   ① 1/8 (1/10) 이하
   ② 1/8 ~5/8 (1/10 ~ 5/10)
   ③ 5/8 ~ 7/8 (5/10 ~ 9/10)
   ④ 8/8 (10/10)

31. 운량 scattered에 대한 설명 중 옳은 것은?
   ① 1/8 (1/10) 이하
   ② 1/8 ~5/8 (1/10 ~ 5/10)
   ③ 5/8 ~ 7/8 (5/10 ~ 9/10)
   ④ 8/8 (10/10)

32. 운량 broken에 대한 설명 중 옳은 것은?
   ① 1/8 (1/10) 이하
   ② 1/8 ~5/8 (1/10 ~ 5/10)
   ③ 5/8 ~ 7/8 (5/10 ~ 9/10)
   ④ 8/8 (10/10)

33. 운량 overcast에 대한 설명 중 옳은 것은?
   ① 1/8 (1/10) 이하
   ② 1/8 ~5/8 (1/10 ~ 5/10)
   ③ 5/8 ~ 7/8 (5/10 ~ 9/10)
   ④ 8/8 (10/10)

정답 : ① ② ③ ④

34. 상층운 중 옳지 않은 것은?

① 권운

② 권적운

③ 권층운

④ 고적운

해설) 고적운은 중층운에 속한다.

35. 중층운 중 옳은 것은?

① 고층운

② 층적운

③ 권층운

④ 적란운

36. 하층운 중 옳지 않은 것은?

① 층적운

② 층운

③ 난층운

④ 적운

해설) 적운은 하층운~중층운 사이에 형성된다.

정답 : ④ ① ④

37. 수직으로 발달하고 탑 모양을 이루고 있는 구름으로 옳은 것은?

　　① 적운

　　② 적란운

　　③ 난층운

　　④ 층적운

38. 강수의 종류로 보기 어려운 것은?

　　① 비

　　② 눈

　　③ 얼음

　　④ 번개

39. 구름의 형성조건 중 틀린 것은?

　　① 냉각작용

　　② 풍부한 수증기

　　③ 응결핵

　　④ 온난할 것

정답 : ① ④ ④

40. 다음 구름의 종류 중 비가 내리는 구름은?

① Ac

② Ns

③ As

④ Cs

해설)

높이	상층운 (6~15km)	중층운 (2~6km)	하층운 (2km 미만)	수직운 (3km 이내)
모양	권운, 권적운, 권층운	고적운, 고층운	층적운, 층운, 난층운	적운, 적난운
기호	Ci, Cc, Cs	Ac, Ad	Sc, St, Ns	Cu, Cb

41. 안개의 생성원인으로 보기 힘든 것은?

① 공기 중에 수증기가 다량 함유

② 응결핵 풍부

③ 난류가 있을 것

④ 공기가 노점온도 이하로 냉각

42. 야간에 지형적인 복사가 표면을 냉각시키고 표면 위의 공기를 놈점까지 냉각될 때 응결에 의해 형성되는 안개를 무엇이라 하는가?

① 복사안개

② 증기안개

③ 이류안개

④ 활승안개

정답 : ② ③ ①

43. 시정 장애물의 종류가 아닌 것은?
   ① 황사
   ② 바람
   ③ 먼지 및 화산재
   ④ 연무

   해설) 시정이란 지상의 특정지점에서 계기 또는 관측자에 의해서 수평으로 측정된 지표면의 가시거리를 말한다.

44. 차가운 공기가 따뜻한 수면으로 이동하면서 충분한 양의 수분이 증발하여 수면 바로 위의 공기층을 포화시켜 발생하는 안개를 무엇이라 하는가?
   ① 복사안개
   ② 증기안개
   ③ 이류안개
   ④ 활승안개

45. 습윤하고 온난한 공기가 한랭한 육지나 수면으로 이동해 오면 하층부터 냉각되어 공기 속의 수증기가 응결되어 생기는 안개를 무엇이라 하는가?
   ① 복사안개
   ② 증기안개
   ③ 이류안개
   ④ 활승안개

정답 : ② ② ③

46. 습한 공기가 산 경사면을 타고 상승하면서 팽창함에 따라 공기가 노점 이하로 단열 냉각 되면서 발생하는 안개를 무엇이라 하는가?
   ① 복사안개
   ② 증기안개
   ③ 이류안개
   ④ 활승안개

47. 시정의 설명으로 올바른 것은?
   ① 지상의 관측지점에서 계기 또는 관측자에 의해서 수평으로 측정된 지표면의 가시거리
   ② 공기가 안정되었을 때 주로 공장 지대에서 집중적으로 발생하며, 연기는 기온역전 하에서 야간이나 아침에 주로 발생
   ③ 잘못된 것을 바로잡는 것
   ④ 안개, 강수 등으로 시야가 잘 안보일 때 시정은 좋다

48. 우시정의 설명 중 옳은 것은?
   ① 관측자로부터 수직으로 측정
   ② 맑은 하늘을 우시정 이라고 한다
   ③ 비 내리는 날을 우시정 이라고 한다.
   ④ 관측자가 서 있는 360도 주변으로부터 최소 180도 이상의 수평반원에서 가장 멀리 볼 수 있는 수평거리

정답 : ④ ① ④

49. 늦봄, 초여름 기단이며, 한랭다습한 성질을 지닌 기단의 이름은?

　① 양쯔강 기단

　② 시베리아 기단

　③ 오호츠크해 기단

　④ 북태평양 기단

50. 봄, 가을 기단이며, 고온건조한 성질을 지닌 기단의 이름은?

　① 적도 기단

　② 북태평양 기단

　③ 시베리아 기단

　④ 양쯔강 기단

51. 전선의 종류 중 옳지 않는 것은?

　① 온난전선

　② 한랭전선

　③ 폐색전선

　④ 상승전선

　해설) 전선의 종류는 온난전선, 한랭전선, 폐색전선, 정체전선으로 나뉜다.

정답 : ③ ④ ④

52. 다음 중 한랭전선이 지나가고 난 뒤 일어나는 현상은?
　　① 기온이 올라간다
　　② 기온이 내려간다
　　③ 바람이 약하다
　　④ 기압은 올라간다

53. 전선이 이동하지 않고 오랫동안 같은 장소에 머무르는 전선은?
　　① 폐색전선
　　② 온난전선
　　③ 한랭전선
　　④ 정체전선

54. 뇌우를 바르게 설명한 것은?
　　① 번개와 천둥을 동반한 적란운 구름에 의해서 발생한 폭풍이다.
　　② 기압, 기온, 습도, 구름, 강수, 바람, 시정을 뜻한다.
　　③ 맑은 하늘에 비가 내리는 것을 뜻한다.
　　④ 0℃ 이하에서 대기에 노출된 항공기 날개나 동체 등에 과냉각 물방울이나 구름입자가 충돌하여 얼음의 막을 형성하는 것

정답 : ② ④ ①

55. 뇌우의 생성조건으로 아닌 것은?
　　① 온난 다습한 공기
　　② 강한 상승기류
　　③ 기온 감률이 커야 됨
　　④ 우박이 내려야 됨

56. 착빙의 설명 중 올바른 것은?
　　① 0℃ 이하에서 대기에 노출된 항공기 날개나 동체 등에 과냉각 물방울이나 구름입자가 충돌하여 얼음의 막을 형성하는 것
　　② 착빙이 되면 양력이 커진다.
　　③ 양력과 중력이 커진다.
　　④ 비행에는 아무런 영향을 주지 않는다.

　　해설) 착빙이 발생하면 기체의 무게가 증가하며 형태가 변형되어 양력이 감소하고 중력이 커져 비행에 악영향을 준다.

57. 착빙의 종류가 아닌 것은?
　　① 맑은 착빙
　　② 거친 착빙
　　③ 혼합 착빙
　　④ 뇌우 착빙

정답 : ④ ① ④

58. 맑은 착빙에 대한 특징으로 아닌 것은?

① 투명하다

② 단단하다

③ 매끄럽다

④ 울퉁불퉁하다

해설) 맑은착빙 : 투명 또는 반투명하며 천천히 결빙되고 무겁고 단단하며 가장 위험한 착빙 현상. (-10℃~0℃)

59. 거친 착빙에 대한 특징으로 아닌 것은?

① 우유 빛이다

② 불투명하다

③ 울퉁불퉁하다

④ 맑은 착빙과 거친 착빙이 합쳐진 것이다

해설) - 거친착빙 : 불투명한 우유빛을 띠며 신속히 결빙되고 구멍이 많다. 비교적 쉽게 제거가 가능하다. (-20℃~-10℃)

- 혼합착빙 : 맑은착빙과 거친착빙의 혼합된 형태의 착빙

60. 착빙에 대한 설명 중 옳은 것은?

① 양력과 무게를 증가시켜 추진력을 감소시키고 항력은 증가시킨다.

② 착빙은 날개에만 발생한다.

③ 건조한 공기가 기체 표면에 부딪치면서 결빙이 생기는 현상이다.

④ 양력은 감소, 중력은 증가시켜 추진력을 감소시키고 항력은 증가시킨다.

정답 : ④ ④ ④

61. 태풍 세력이 약해지면서 소멸되기 직전 또는 소멸되어 무엇으로 변하는가?
　① 돌풍
　② 윈드시어
　③ 열대성 고기압
　④ 열대성 저기압

62. 태풍에 대한 설명 중 옳은 것은?
　① 북태평양 서부에선 "태풍" 이라고 한다.
　② 북대서양, 북태평양 동부에선 "사이클론" 이라고 한다.
　③ 인도양, 아라비아해 등에서는 "윌리 윌리" 이라고 한다.
　④ 위치와 관계 없이 전부 "허리케인" 이라고 한다.

63. 난류의 설명 중 옳지 않은 것은?
　① 비행중인 비행체는 동요한다.
　② 유체가 층을 이루어 흐르면서 이 층이 거의 섞이지 않는 유체의 흐름
　③ 소용돌이가 섞인 매우 불규칙한 유체의 흐름
　④ 지표면의 기복이 크고, 풍속이 강하면 난류가 강하게 일어난다.

정답 : ④ ① ②

64. 짧은 거리 내에서 순간적으로 풍향과 풍속이 급변하는 현상은 무엇인가?
   ① 태풍
   ② 높새바람
   ③ 윈드쉬어
   ④ 층류

65. +RA FG의 설명 중 옳은 것은?
   ① 보통 비 이후 안개가 낌
   ② 보통 비 이후 강풍
   ③ 강한 비 이후 안개가 낌
   ④ 강한 비와 강풍

66. 시정 장애물 부호중 'VA'를 설명으로 옳은 것은?
   ① 연무
   ② 연기
   ③ 박무
   ④ 화산재

정답 : ③ ③ ④

67. 서술자 부호 중 'TS'를 설명으로 옳은 것은?

　① 소나기

　② 결빙

　③ 강풍

　④ 뇌우

68. 강수 부호 중 +SN는 무엇을 뜻하는가?

　① 강한 얼음 싸라기

　② 강한 눈

　③ 갑자기 눈이 내림

　④ 1시간뒤 눈이 내림

69. PO를 올바르게 설명한 것은?

　① 스콜

　② 먼지폭풍

　③ 토네이도

　④ 먼지/모래 회오리바람

70. 다음 중 올바른 것은?

　① +FC : 깔때기 구름

　② VA : 화재

　③ PO : 모래폭풍

　④ DS : 먼지폭풍

정답 : ④ ② ④ ④

71. 기온역전에 대해 잘못 설명한 것은?
   ① 접지역전, 침강역전, 이류역전이 있다
   ② 고도가 높아짐에 따라 기온이 일정하게 상승한다
   ③ 기류는 평온하다
   ④ 적란운이 형성되기 쉽다

72. 역전의 종류에 대한 설명으로 틀린 것은?
   ① 접지역전: 야간에 지면이 복사냉각되어 안개연무가 발생
   ② 전선역전: 서로 다른 기단이 만나, 전이층에서 심안 온도 불연속으로 발생
   ③ 침강역전: 하강기류에 의해 대기가 대규모로 침강하며 수축되어 상층의 공기가 따뜻해짐
   ④ 이류역전: 공기가 수평으로 이동하다 차가운 바다나 지표를 만나 아래부터 냉각되어 발생

   해설) ① 복사역전의 설명, 접지역전은 지표 부근에서 발생하는 것을 지칭함

73. 가장 기온이 낮은 기온층은 어디인가?
   ① 대류권계면
   ② 성층권계면
   ③ 열권
   ④ 중간권계면

74. 대기 중 공기 냉각의 원인이 아닌 것은?
   ① 온위면의 하강으로 인한 냉각
   ② 단열상승에 의한 냉각
   ③ 찬 공기와 더운 공기의 혼합
   ④ 야간 지면 복사에 의한 냉각

정답 : ④ ① ④ ①

75. 착빙의 특징이 아닌 것은?
   ① 양력 감소, 항력 증가
   ② 무게 증가
   ③ 추력 감소
   ④ 실속속도 감소

76. CLEAR ICING이 생기는 구름은?
   ① 권적운
   ② 층운 (AS, CS 거친 착빙)
   ③ 적란운 (CB)
   ④ 뭉게구름

77. 다음 중 SEVERE ICING이 예상되는 조건은?
   ① FREEZING RAIN
   ② -10℃ 층적운
   ③ -10℃ 부근 적운
   ④ 권적운

78. 윈드시어의 발생 요인으로 옳지 않은 것은?
   ① 풍속/풍향이 다른 경우
   ② 기온 역전층
   ③ 산악지대
   ④ 항공기의 전류

79. 가장 착방이 발생하기 쉬운 온도는?
   ① 0℃ ~ 10℃
   ② -10℃ ~ 0℃
   ③ -10℃ ~ -20℃
   ④ -15℃ ~ -20℃

정답 : ④ ③ ① ④ ②

80. 다음은 안개에 관한 설명이다. 틀린 것은?
   ① 공중에 떠돌아다니는 작은 물방울의 집단으로 지표면 가까이에서 발생
   ② 수평가시거리가 3km 이하일 때 안개라고 한다.
   ③ 공기가 냉각되고 포화상태에 도달하고 응결하기 위한 핵이 필요하다.
   ④ 적당한 바람이 있으면 높은 층으로 발달한다.

   해설) 대기에 떠다니는 작은 물방울의 모임 중에서 지표면과 접촉하며 가시거리가 1000m 이하로 본질은 구름과 비슷하지만, 구름에 포함되지는 않는다.
   안개는 습도가 높고 기온이 이슬점 이하일 때 형성되며 흡습성의 작은 입자인 응결핵이 있으면 잘 형성되며 하층운이 지표면까지 하강하여 생기기도 한다.

81. 구름과 안개의 구분 시 발생 높이의 기준은?
   ① 구름의 발생이 AGL 50ft 이상 시 구름, 50ft 이하에서 발생 시 안개
   ② 구름의 발생이 AGL 70ft 이상 시 구름, 70ft 이하에서 발생 시 안개
   ③ 구름의 발생이 AGL 90ft 이상 시 구름, 90ft 이하에서 발생 시 안개
   ④ 구름의 발생이 AGL 120ft 이상 시 구름, 120ft 이하에서 발생 시 안개

   해설) AGL : above ground level(지상 고도)

82. 바람을 일으키는 주요 요인은 무엇인가?
   ① 지구의 회전
   ② 공기량 증가
   ③ 태양의 복사열의 불균형
   ④ 습도

   해설) 바람은 공기의 흐름. 공기의 흐름을 유발하는 원인은 태양에너지에 의한 지표면의 불균형 가열에 의한 기압 차이로 발생한다.

정답 : ② ① ③

83. 대기의 기온이 0도 이하에서도 물방울이 액체로 존재하는 것은?

　① 응결수

　② 과냉각수

　③ 수증기

　④ 용해수

해설) 과냉 각수

　섭씨 0도 이하임에도 얼음이 아닌 액체상태로 존재하는 상태. 물방울이지만 과하게 냉각된 상태이다.

84. METAR 보고에서 바람 방향, 즉 풍향의 기준은 무엇인가?

　① 자북

　② 진북

　③ 동북

　④ 자북과 도북

해설) METAR보고: 공항별 정시 기상관측, 매 시각 정시 5분 전 발생, 공항의 기상상태를 보고하는 기본 관측

　1. 자북: 나침반이 지시하는 북쪽

　2. 진북: 실제 북쪽(자오선 상의 북, 남극점을 연결한 북극성 방향)

　3. 도북: 지도상의 북쪽

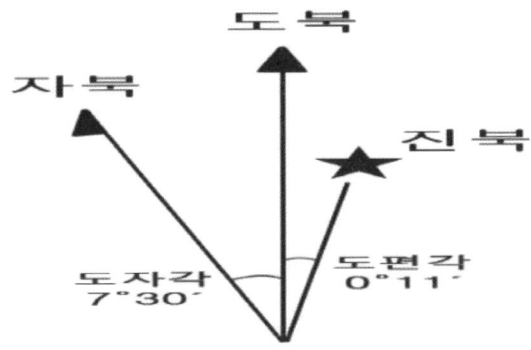

정답 : ② ②

85. 대기권의 설명 중 틀린 것은 무엇인가?
    ① 대기의 온도 습도 압력 등으로 대기의 상태를 나타낸다.
    ② 대기의 상태는 수평방향보다 수직방향으로 고도에 따라 심하게 변한다.
    ③ 대기권 중 대류권에서는 고도가 상승할 때 온도가 상승한다.
    ④ 대기는 몇 개의 층으로 구분하는데 온도의 분포를 바탕으로 대류권, 성층권 중간권, 열권등으로 나타낸다.

86. 최고・최저온도에 대한 설명으로 틀린 것은?
    ① 겸용 최고・최저온도계는 기온의 상승・하강 시 지표의 한쪽 방향으로만 움직이게 한 것이 주원리이다.
    ② 분리형 최저온도계는 알코올 속에 지표를 넣어 두어 지표가 표면장력에 의하여 끌려 내려오게 한 것이 원리이다.
    ③ 분리형 최저온도계의 복도(reset)는 내려오지 않는 수은을 수은사 부분을 잡고 강제로 강하게 내려 뿌려서 현재 기온으로 한다.
    ④ 분리형 최고온도계는 수은을 이용하여 유리봉으로 유점을 만들어 기온이 상승할 때 일방통행으로 상승하게만 만든 것이 주원리이다.

87. 용오름(Water spout)에 관한 설명으로 틀린 것은?
    ① 대기중의 물현상에 속한다.
    ② Cb의 운저로부터 발생된다.
    ③ 지면가열로 인한 회오리 바람과 같은 성질로 갖는다.
    ④ 기둥이나 깔때기모양으로 보이는 격렬한 회전풍을 가진다.

88. 빗방울이라 함은 대기중을 통하여 떨어지는 직경 몇 mm 이상의 것을 말하는가?
    ① 20 μm 이상
    ② 50 μm 이상
    ③ 0.2 mm 이상
    ④ 0.5 mm 이상

정답 : ③ ③ ③ ④

89. 중위도 지방에서 일반적으로 빙정(氷晶)이 가장 적게 포함된 구름은?
    ① 권운(Ci)
    ② 층운(St)
    ③ 고층운(As)
    ④ 적란운(Cb)

90. 시정관측에 대한 설명으로 옳은 것은?
    ① 시정관측은 목측이나 자동시정계로 관측한다.
    ② 시정관측은 반드시 경위의를 사용해서 관측한다.
    ③ 시정관측은 반드시 망원경을 사용해서 관측한다.
    ④ 시정관측은 반드시 쌍안경을 사용해서 관측한다.

91. 구름의 분류에 따른 종류의 연결이 틀린 것은?
    ① 상층운 – Ci, Cs
    ② 중층운 – As, Ac
    ③ 하층운 – St, Sc
    ④ 수직운 – Cu, Cc

92. 뷰포트 풍력계급에서 계급 2(light breeze)에 해당되지 않는 것은?
    ① 1풍속 1.3 m/s
    ② 2풍속 1.8 m/s
    ③ 3풍속 2.3 m/s
    ④ 4풍속 2.8 m/s

93. 낙뢰(落雷)에 대한 설명으로 옳은 것은?
    ① 구름과 구름 사이를 이동하는 섬광
    ② 구름에서 지면으로 연결되는 번개 불빛
    ③ 발달한 구름대에서 발생하는 자기적 현상
    ④ 대기의 급격한 가열에 의해 팽창하면서 내는 폭음

정답 : ② ① ④ ① ②

94. 시정관측에 대한 설명 중 옳지 않은 것은?
   ① 시정이 방향에 따라 다르면 최소시정을 택한다.
   ② 목표물을 확인할 수 있는 최대거리를 관측한다.
   ③ 목표물은 뚜렷이 빛나는 밝은 물체를 택하여야 한다.
   ④ 시정은 사방의 목표가 잘 바라보이는 장소에서 관측한다.

95. 지면으로부터 상공으로 올라갈수록 등압선과 풍향 사이의 각은?
   ① 점점 커진다.
   ② 점점 작아진다.
   ③ 변화하지 않는다.
   ④ 불규칙적으로 작아지고 커짐을 반복한다.

96. 표준 해수면의 기온과 표준 기압으로 옳은 것은?
   ① 15℃, 29.92mb
   ② 15℃, 29.92 inHg
   ③ 15℉, 29.92Hg
   ④ 15℉, 29.92mb

   풀이) 국제표준 대기
   항공기들이 비행을 하며 항공관제를 받아 항공기간의 거리 및 고도에 따른 안전거리 확보, 항공기 비행성능 및 엔진의 출력 비교 항공기 설계 및 운용을 위한 기준이 되는 ICAO에서 정한 국제표준 대기
   1. 해면상 표준 기압 : 1013.25mb, 29.92in-Hg
   2. 해면상 공기 밀도 : 1225kg/m³
   3. 중력가속도 : 9.80665m/s²
   4. 음속 340.43m/s
   5. 해면상 기온 : 15℃, 288.15K
   6. 결빙 온도 : 273.15K
   7. 고도별 온도 변화율 : 11km까지 -6.5/km
   8. 고도별 온도 변화율 : 11~12km는 0.0℃/km(등온층)

   정답 : ③ ② ②

97. 표준 대기의 혼합기체 비율로 맞는 것은?

① 산소 78%, 질소 21%, 기타 1%

② 산소 50%, 질소 50%, 기타 1%

③ 산소 21%, 질소 50%, 기타 78%

④ 산소 21%, 질소 78%, 기타 1%

98. 대기권의 설명 중 틀린 것은?

① 대기의 온도 습도 압력 등으로 대기의 상태를 나타낸다.

② 대기의 상태는 수평방향보다 수직방향으로 고도에 따라 심하게 변한다.

③ 대기권 중 대류권에서는 고도가 상승할 때 온도가 상승한다.

④ 대기는 몇 개의 층으로 구분하는데 온도의 분포를 바탕으로 대류권, 성층권, 중간권, 열권등으로 나타낸다.

해설) 대류권은 고도가 상승할 수록 온도가 하강한다

99. 대기중의 온도의 변화가 조금밖에 없으며 평균 높이가 약 17km의 대기권은?

① 대류권

② 대류권 계면

③ 성층권

④ 성층권 계면

해설) 대류권계면

대류권의 상한인 대류권 계면 부근에서는 대기가 안정되어 구름이 없고 기온이 낮으며 공기가 희박하여 제트기의 운항에 적합한 조건을 갖추고 있음.

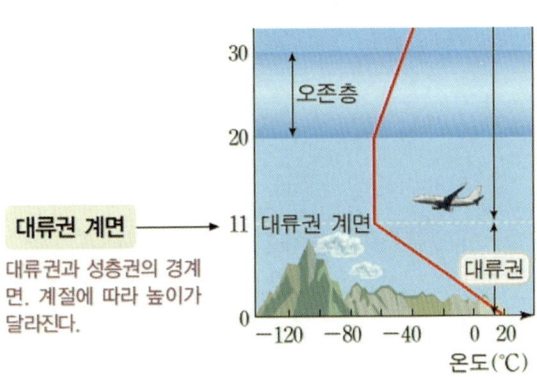

정답 : ④ ③ ②

100. 항공기상 용어 중 wind calm의 의미는 무엇인가?

① 바람의 세기가 무풍이거나 3 kts 이하

② 바람의 세기가 5 kts 이상

③ 바람의 세기가 10 kts이상

④ 바람의 세기가 15 kts이상

해설) 조종사에게 불러주는 용어로 바람이 없거나 3 kts 이하일 때를 의미함.

101. 폭풍, 열대성 저기압, 태풍에 관한 설명 중 틀린 것은?

① TD: TROPICAL DEPRESSION (34KTS 미만) 열대성 저기압

② TS: TROPICAL STORM (34 ~ 47KTS) 열대성 폭풍

③ STS: SEVERE TROPICAL STORM (34 ~ 63KTS) 강한 열대폭풍

④ TY: TYPHOON (64KTS) 이상 태풍

해설)

중심부근 최대풍속	세계기상기구(WMO)	한국/일본	
17m/s 미만(34kt 미만)	열대저압부 (TD : Tropical Depression)	TD	열대저압부
17m/s-24m/s(34-47kt)	열대폭풍 (TS : Tropical Storm)	TS	태풍
25m/s-32m/s(48-63kt)	강한 열대폭풍 (STS : Severe Tropical Storm)	STS	태풍
33m/s 이상(64kt 이상)	태풍(TY : Typhoon)	TY	

주) 1m/s ≒ 1.94kt

102. 두가지 명칭을 짝지은 것 중 틀린 것은?

① WINDSHEAR - TURBULENCE

② ZET STREAM - CAT

③ WARM FRONT - 소낙성 뇌우

④ LLWS - MICROBURST

해설) WARM FRONT - 온난전선

정답 : ① ③ ③

103. 접근 중 윈드시어가 가장 위험한 시기는?

　　① 정풍에서 배풍으로 바뀔 때

　　② 배풍에서 정풍으로 바뀔 때

　　③ 측풍으로 흩어질 때

　　④ 아래로 흩어질 때

104. 안개 생성의 조건은?

　　① 바람이 없고, 대기가 불안할 때

　　② 공기가 노점온도 이하로 냉각될 때

　　③ 대기 중에 응결을 촉진시키는 응결핵이 존재할 때

　　④ 외부에서 많은 수증기의 공급과 함께 냉각 작용이 발생할 때

정답 : ② ①

◎ 교통안전관리론

1. 교통사고의 주요요인 중 가장 비중을 많이 차지하는 요인으로 옳은 것은?
   ① 인적 요인
   ② 환경적 요인
   ③ 차량적 요인
   ④ 기타

   해설) 인적 요인 84% / 환경적 요인 18% / 차량적 요인 6%

2. 문제가 되는 상황을 초기에 발견해 대처하여 큰 문제로 번지는 것을 방지하는 것에 초점을 두는 이론을 제시한 사람으로 옳은 것은?
   ① 칸츠
   ② 하인리히
   ③ 올포트
   ④ 데이비스

3. 노인의 행동 특성으로 틀린 것은?
   ① 위험 감지가 더딤
   ② 자기중심적 사고
   ③ 민첩성 결여
   ④ 응용력 부족

   해설) 어린이의 행동 특성

정답 : ① ② ④

4. 칸츠의 이론으로 틀린 것은?
   ① 행위자로 하여금 바람직한 욕구 달성
   ② 불안이나 위협에서 벗어나 자아를 보호
   ③ 자기정체성을 형성하거나 강화
   ④ 미래를 예견하여 활동계획을 정함

   해설) ④ 페이욜의 관리이론 중 예측에 관한 설명

5. 어린이의 행동 특성으로 틀린 것은?
   ① 응용력이 부족하다
   ② 감정에 따라 행동 변화가 심함
   ③ 민첩성이 떨어짐
   ④ 호기심이 큼

   해설) ③ 노약자의 특성

6. 어두운 곳에서 밝은 곳으로 들어갈 때 보이지 않던 것이 점차 보이기 시작하는 현상에 대한 것으로 옳은 것은?
   ① 암순응
   ② 명순응
   ③ 암점
   ④ 맹점

정답 : ④ ③ ②

7. 안전 활동을 전담하는 부서를 두고 안전에 관한 계획, 조사, 검토, 독려, 보고 등 의 업무를 관장하게 하는 제도로 옳은 것은?
   ① 라인스태프형 조직
   ② 참모형 조직
   ③ 라인형 조직
   ④ 복합형 조직

   해설)

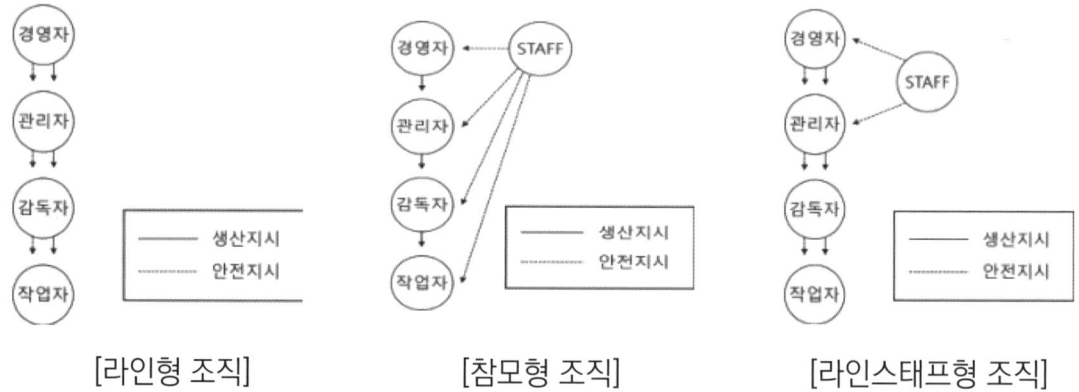

   [라인형 조직]　　　　　[참모형 조직]　　　　　[라인스태프형 조직]

8. 데이비스가 정의한 관리기능의 분류로 틀린 것은?
   ① 계획
   ② 조직
   ③ 명령
   ④ 통제

   해설) 명령은 페이욜의 관리론의 분류 중 하나

정답 : ② ③

9. 관리란 예측, 조직, 명령, 조정하며 통제하는 것을 주장한 인물로 옳은 것은?
   ① 페이욜
   ② 데이비스
   ③ 칸츠
   ④ 올포트

10. 명순응이 대한 설명으로 옳은 것은?
    ① 밝은 곳에서 어두운 곳으로 들어갔을 때 보이지 않던 것이 점차 보이기 시작하는 현상
    ② 어두운 곳에서 밝은 곳으로 들어갔을 때 보이지 않던 것이 점차 보이기 시작하는 현상
    ③ 어두운 곳에서 밝은 곳으로 들어갔을 때 순간적으로 눈이 보이지 않는 현상
    ④ 밝은 곳에서 어두운 곳으로 들어갔을 때 아무것도 보이지 않는 현상

11. 자동차교통사고의 정의는?
    ① 운행을 저해하거나 또는 운행할 수 없는 상태가 되면서 인명에 피해를 주거나 재산상의 손실을 야기시키는 것.
    ② 자동차가 장애물, 다른 차량, 사람, 동물 등을 쳐서 피해를 입히는 것을 말한다.
    ③ 열차 또는 차량의 운전으로 발행된 사고로서 열차사고, 건널목사고, 사상사고
    ④ 승무원이나 승객이 항공기에 탑승한 후부터 내릴 때까지의 사이에 그 항공기가 운항함으로써 일어난 사람의 사망, 부상, 항공기의 손상 등 항공기와 관련된 모든 사고

정답 : ① ② ②

12. 사고의 기본원인을 제공하는 4M에 대한 사고방지대책을 잘못 나타낸 것은?
    ① 인간(Man) : 능동적인 의욕, 위험예지, 리더십, 의사소통 등
    ② 기계(Machine) : 안전설계, 위험방호, 표시장치 등
    ③ 매개체(Media) : 관리감독, 작업정보, 작업환경, 건강관리 등
    ④ 관리(Management) : 관리조직, 평가 및 훈련, 직장활동 등

13. 교통사고의 인적 요인 중 가장 많은 것은?
    ① 과속
    ② 부주위
    ③ 음주운전
    ④ 과로운전

14. 심리학자 캇츠(D. Katz)가 말하는 '스스로 더욱 강화시키고, 자기 자신의 정체성을 가지게 하는 태도'의 기능은?
    ① 적응기능
    ② 자기방어적기능
    ③ 가치표현적기능
    ④ 지시적기능

15. 타인과의 관계에서 자신의 잠재력, 운명, 위치 등을 파악하는 기준이 되는 집단을 무엇이라 하는가?
    ① 이익집단
    ② 우호집단
    ③ 준거집단
    ④ 소속집단

정답 : ③ ② ③ ③

16. 운전자가 정보를 수집하고 행동을 결정하며 실행 후 확인과정을 의마하는 것은?
    ① 행동반응
    ② 인지반응
    ③ 상황반응
    ④ 교통반응

17. 다음 중 교통안전관리의 목표로 부합하지 않는 것은?
    ① 교통수단운영자의 이익증대
    ② 교통안전의 확보
    ③ 교통의 효율화
    ④ 복지사회 실현

18. 도로에서의 운전자의 시력과 관련된 성명으로 다음 중 틀린 것은?
    ① 야간에 전조등을 깜빡거림으로서 다른 운전자의 운전에 도움을 줄 수 있다.
    ② 주간에도 전조등을 키고 운행해야하는 경우가 있다.
    ③ 맞은 편에서 자동차가 오거나 바로 앞에 다른 자동차가 주행하고 있을 때는 반드시 상향등을 켜서 다른 운전자의 시야에 도움을 주어야 한다.
    ④ 동체시력은 동일한 조건하에서의 정지시력보다 저하된다.

19. 교통사고 후의 손해배상액 산전과 관련하여 다음중 옳은 것은?
    ① 보험회사가 임의적으로 손해배상액을 산정한다.
    ② 당사자간의 합의에 의해서만 손해배상액의 산정이 가능하다.
    ③ 일실이익은 교통사고 후의 손해배상액 산정에 있어서 고려하지 않는다.
    ④ 자동차사고로 인한 손해액은 주로 재산적 손해와 정신적 손해로 나뉜다.

정답 : ④ ① ③ ④

20. 다음 중 교통사고 발생의 잠재요인으로 가장 볼 수 없는 것은?

① 교통시설

② 인구통계학적요인

③ 성격요인

④ 음주운전

21. 교통안전도 평가지수에서 중상자나 중상사고에 대한 가중치는?

① 0.3

② 0.5

③ 0.7

④ 1.0

해설)

1. 교통사고는 직전연도 1년간의 교통사고를 기준으로 하며, 다음 각 목과 같이 구분한다.

    가. 사망사고: 교통사고가 주된 원인이 되어 교통사고 발생 시부터 30일 이내에 사람이 사망한 사고

    나. 중상사고: 교통사고로 인하여 다친 사람이 의사의 최초 진단 결과 3주 이상의 치료가 필요한 상해를 입은 사고

    다. 경상사고: 교통사고로 인하여 다친 사람이 의사의 최초 진단 결과 5일 이상 3주 미만의 치료가 필요한 상해를 입은 사고

2. 교통사고 발생건수 및 교통사고 사상자 수 산정 시 경상사고 1건 또는 경상자 1명은 '0.3', 중상사고 1건 또는 중상자 1명은 '0.7', 사망사고 1건 또는 사망자 1명은 '1'을 각각 가중치로 적용하되, 교통사고 발생건수의 산정 시, 하나의 교통사고로 여러 명이 사망 또는 상해를 입은 경우에는 가장 가중치가 높은 사고를 적용한다.

정답 : ② ③

22. 교통안전법 시행령상 교통안전도 평가지수에서 중상사고의 기준은 무엇인가?
   ① 1주이상
   ② 2주이상
   ③ 3주이상
   ④ 4주이상

   해설) 중상사고: 교통사고로 인하여 다친 사람이 의사의 최초 진단 결과 3주 이상의 치료가 필요한 상해를 입은 사고

23. 교통안전법상 직전연도 1년간의 교통사고를 기준으로 한 교통안전도 평가지수에서의 사망사고의 시기는?
   ① 교통사고 발생 시부터 10일 이내
   ② 교통사고 발생 시부터 15일 이내
   ③ 교통사고 발생 시부터 30일 이내
   ④ 교통사고 발생 시부터 40일 이내

   해설) 사망사고: 교통사고가 주된 원인이 되어 교통사고 발생 시부터 30일 이내에 사람이 사망한 사고

정답 : ③ ③

24. 다음중 교통안전법령상 교통안전관리자 자격의 종류에 해당되지 않는 것은?

① 항만교통안전관리자

② 항공교통안전관리자

③ 도로교통안전관리자

④ 수상교통안전관리자

해설)

1. 도로교통안전관리자
2. 철도교통안전관리자
3. 항공교통안전관리자
4. 항만교통안전관리자
5. 삭도교통안전관리자

25. 다음 운전행동상의 사고요인분석 중에서 사고발생율이 가장 높은 것은?

① 인지지연

② 불가항력

③ 판단착오

④ 조작착오

26. TLO의 "노면운송에 있어서이 노동시간 및 휴식시간에 관한 조약"에서 규정하고 있는 근무시간으로서 옳은 것은?

① 1일 8시간 이내 주 46시간

② 1일 9시간 이내 주 48시간

③ 1일 8시간 이내 주 48시간

④ 1일 9시간 이내 주 64시간

정답 : ④ ① ②

27. 다음은 통계적 품질관리기법에서 관리도 작성절차의 일부를 설명한 것인데 잘못된 것은?
    ① 시험적 관리한계 선정
    ② 자료를 분석.평가
    ③ 수정된 관리한계 확립
    ④ 합리적인 소집단 선정

28. 관리기능은 전반관리와 부문관리로 구분할 수 있는데 전반관리에 속하는 것은?
    ① 인사
    ② 계획
    ③ 재무
    ④ 안전관리

29. 다음에서 조사정보의 구조에 속하지 않는 것은?
    ① 개념
    ② 명제, 가설
    ③ 이론, 모델
    ④ 기능

30. 교통의 장은 여러 요소들이 유기적인 관계를 맺으면서 이루어지는데 보기 중 그 구성요소가 아닌 것은?
    ① 사용자
    ② 교통환경
    ③ 수송수단
    ④ 조종자

정답 : ② ④ ④ ①

31. 인간의 행동을 규제하는 요인으로서 인적요인과 환경요인으로 구분할 수 있다. 다음에서 인적요인이 아닌 것은?

① 교육경력

② 지능지각

③ 가정생활

④ 근무의욕

32. 교통안전업무의 원활한 실시를 위하여 업무지침에 포함해야 할 것은?

① 복무규정

② 관리규정

③ 포상규정

④ 인사규정

33. 과정적 차원에서의 시스템 속성은?

① 목적성

② 전체성

③ 기능성

④ 통제성

34. 교육훈련의 전개방법의 하나인 것은?

① 누가(Who)

② 언제(When)

③ 어디서(Where)

④ 왜(Why)

정답 : ③ ② ④ ①

35. 각 업무분담별로 업무목표를 명백히 설정하는 것과 관계가 깊은 것은?
   ① 감독책임
   ② 책임의 명확화
   ③ 책임전가의 금지
   ④ 보유책임

36. 계획의 일반적 특성을 나열한 것 중 적합하지 않은 것은?
   ① 목적성
   ② 미래성
   ③ 경제성
   ④ 자율성

37. 다음에서 인간행위의 가변성 요인을 분류한 것으로서 옳지 못한 것은?
   ① 생리적 요인
   ② 직능상 요인
   ③ 기능상 요인
   ④ 심리적 요인

38. 다음 사항에서 모델을 단순화시키는 것이 아닌 것은?
   ① 변수를 상수로 처리한다.
   ② 변수를 제거한다.
   ③ 비선형 관계를 이용한다.
   ④ 우연 요인을 무시한다.

정답 : ② ④ ② ③

39. 다음 사항에서 ZD운동의 실행단계에 해당되지 않는 것은?
   ① 실행 및 운행단계
   ② 출발단계
   ③ 조성단계
   ④ 분석.평가단계

40. 다음중 안전관리조직에서 고려되어야 할 요소가 아닌 것은?
   ① 공식조직일 것
   ② 안전관리 목적달성의 수단일 것
   ③ 환경의 변화에 적응할 수 있는 무기체일 것
   ④ 인간을 목적달성의 수단요소로 인식할 것

41. 다음에서 실체적 차원에서의 시스템 속성은?
   ① 목적성
   ② 통제성
   ③ 계획성
   ④ 실천성

42. 다음에서 근로의욕을 증진시키는 원동력으로서 노동성과에 영향을 가장 많이 주는 기본 요인은?
   ① 직무관심도
   ② 직무만족도
   ③ 직무몰입도
   ④ 직무적성

정답 : ④ ③ ① ③

43. X 관리도의 UCL $x = X + 3\sigma x$에서 다음 연결 중 맞는 것은?

① $X + 3\sigma x = X + A_2R$

② UCL x = 관리한계를 나타낸다.

③ $3\sigma x = X$ 의 평균편차에 3배를 한 것이다.

④ X = 소집단의 평균으로서 중심선이 된다.

44. 다음은 교통안전의 목적을 설명한 것이다. 가장 거리가 먼 것은?

① 수송효율의 향상

② 경제성의 향상

③ 인명의 존중

④ 정치안정 증진

45. 다음 사항 중 정부 행정기관의 교통안전 조직이 아닌 것은?

① 교통안전정책 대책위원회

② 교통안전정책 조정위원회

③ 교통안전정책 심의위원회

④ 교통안전 대책위원회

46. 다음은 2차 자료를 이용할 경우에 유의할 사항을 설명한 것이다. 옳지 못한 것은?

① 내용이 적합한가

② 조사자의 요구에 맞는가

③ 조사자가 확실한가

④ 내용은 정확한가

정답 : ② ④ ② ③

47. 다음에서 2차 자료의 장점과 가장 거리가 먼 것은?
   ① 인력의 절약
   ② 시간의 절약
   ③ 비용의 절약
   ④ 자료의 절약

48. 다음은 위험요소를 제거하기 위하여 거쳐야 할 일반적인 단계이다. 해당되지 않는 것은?
   ① 평가
   ② 환류(Feed back)
   ③ 위험요소의 탐지
   ④ 조직의 구성

49. 다음에서 교통안전시설에 해당되는 것은?
   ① 철도
   ② 도로
   ③ 항만
   ④ 활주로

정답 : ④ ① ④

50. 다음에서 보행자의 심리에 관한 내용으로서 옳지 않은 것은?

① 급히 서두르는 경향이 있음

② 현위치에서 횡단하고자 함

③ 자동차가 양보할 것으로 믿음

④ 차량 중심적으로 행동함

해설) 일반적으로 보행자의 심리는 자기중심적 측면에서 사물을 판단하고 행동하려 한다.

51. 다음 중 교통사고의 주요원인에 포함되지 않는 것은 무엇인가?

① 환경요인

② 운반구요인

③ 인적요인

④ 작성요인

52. 다음은 모델의 단순화 작업과정이다. 잘못된 것은?

① 변수를 제거한다.

② 변수를 상수로 처리한다.

③ 가정 제약 요인을 완화시킨다.

④ 우연요인을 무시한다.

해설)
① 모델의 단순화 작업과정에는 신용관계를 이용한다.
② 가정. 제약조건을 엄격하게 한다.

정답 : ④ ④ ④

53. 계획-조사-검토-독려-보고는?
    ① 라인형조직
    ② 참모형조직
    ③ 스텝참모형조직
    ④ 라인스텝혼합형

54. 다음 중 교통안전의 목적에 해당하는 것은 무엇인가?
    ① 수송효율의 향상
    ② 교통시설의 확충
    ③ 교통법규의 준수
    ④ 교통단속의 강화

55. 다음 운전행동상의 사고요인분석 중에서 사고발생율이 가장 높은 것은 무엇인가?
    ① 인지지연
    ② 불가항력
    ③ 판단착오
    ④ 조작착오

정답 : ④ ④ ①

56. 다음 사항 중 정부 행정기관의 교통안전 조직이 아닌 것은?
   ① 교통안전정책 심의위원회
   ② 교통안전정책 조정위원회
   ③ 교통안전정책 대책위원회
   ④ 교통안전 대책위원회

57. 다음에서 교통안전시설에 해당되는 것은 무엇인가?
   ① 항공
   ② 도로
   ③ 항만
   ④ 활주로

58. 다음 중 안전관리조직에서 고려되어야 할 요소가 아닌 것은?
   ① 공식조직일 것
   ② 인간을 목적달성의 수단요소로 인식할 것
   ③ 환경의 변화에 적응할 수 있는 무기체일 것
   ④ 안전관리 목적달성의 수단일 것

59. 다음에서 각 업무분담별로 업무목표를 명백히 설정하는 것과 관계가 깊은 것은?
   ① 보유책임
   ② 책임의 명확화
   ③ 책임전가의 금지
   ④ 감독책임

정답 : ② ④ ③ ②

이책에 실린 모든 내용, 디자인, 이미지, 편집구성의 저작권은 제이엔피에게 있습니다. 허락없이 복제하거나 다른 매체에 옮겨 실을 수 없습니다.

항공교통안전관리자
100% 합격의 지름길로 가는 마법의 책!
-단기완성 한권 MASTER-

2021년 10월 13일 초판 발행

저자 | 정해찬 · 김주영 · 김주현

발행처 | 제이엔피

주소 | 구미시 1공단로 7길 86-1

전화 | (054)715-2289

등록 | 2021. 9. 14 제 2021 - 000012호

가격 | 36,000원

ISBN 979-11-976022-1-4

Copyright©제이엔피, 2021, Printed in Gumi, Korea

"본 저작물은 '국토교통부'에서 '2020년 3월'에 작성하여 공공누리 제 3유형으로 개방한 '개정판 항공정비사 표준교재 항공기 기체(구조/판금) (대표집필자 : 송창근)', '개정판 항공정비사 표준교재 항공기 기체 (항공기시스템) (대표집필자 : 이형진), '개정판 항공정비사 표준교재 항공정비 일반 (대표집필자 : 채창호)'을 이용하였으며, 해당 저작물은 '항공교육훈련포털, www.kaa.atims.kr'에서 무료로 다운받으실 수 있습니다."